송일준 PD
×
이민 작가의

제주도
랩소디

Jejudo Rhapsody

송일준 PD × 이민 작가의

제주도
랩소디

Jejudo Rhapsody

글 송일준 그림 이민

아름다움과 맛에 인문학이 더해진

PD와 화가의 제주도 콜라보

스타북스

작년 3월 중순, 숨 가쁘게 살아온 37년 동안의 방송 PD 생활이 끝났다.
퇴직 며칠 후 제주도에서 한 달 살기를 시작했다. 매일 구석구석을
돌아다니며 아름다운 경치를 감상하고, 맛있는 음식을 먹고, 좋은
사람들을 만났다. 책에서 읽어 단편적으로만 알고 있던 제주도의
역사도 조금 깊이 있게 알게 됐다. 한 달 남짓 제주도 여기저기를
다니며 보고 느낀 것을 매일 페북에 적었다. 쓴 글들을 모아 '송일준
PD 제주도 한 달 살기'라는 책으로 펴냈다.

다행히 많은 이들이 좋아해 주었지만 너무 두꺼워 부담스럽다는
의견 또한 적지 않았다. 조금 더 쉽게 집어 들고 가볍게 읽을 수 있는
제주도 소개 여행서로 재제작하면 어떨까 생각했다. 사적인 내용이나
장황한 설명을 대폭 줄이고, 보는 이로 하여금 아련한 추억과 향수에
젖게 하는 이민 화가의 그림들을 대폭 늘려 새로 만들었다. 타이틀도
관능적이고 자유롭고 환상적인 제주도에 어울리는 이름으로 정했다.

코로나가 강요한 여행의 빙하기가 끝나가면서 한풀이 여행이
폭발하고 있다. 가장 인기 있는 국내 여행지는 단연 제주도다. 긴 시간
머무르면서 쉬고 여행하는 체류형 관광에 대한 수요도 높다. 하지만
직장 때문에 혹은 아이들 키우고 생활하느라 긴 시간 여행을 떠나기는
쉽지 않다. 그렇더라도 생각이 있다면 결행하고 볼 일이다. 이 핑계
저 구실로 미루다 보면 나이만 들어간다. 그러다 여행을 하고 싶어도
못하는 나이가 된다. 결국 가슴은 떨리지 않고 다리만 후들거리게 될
것이다. 떠날 마음이 있다면 당장 짐을 싸시라. 환상적인 제주도가
기다리고 있다.

2022년 7월 25일

잠실 석촌호수 한 카페에서

CONTENTS

일출 햇살 서귀포항 등대 2021 | 판타블로(캔버스+아크릴) | 180x60cm

서귀포항으로 귀선 2021 | 판타블로(캔버스+아크릴) | 180x30cm

가자! 제주도로!

완도. 새벽 2시 반에 출항하는 제주행 배를 기다리고 있다. 카페 248에서 라떼 한 잔.

내일부터 제주 한 달 살기를 시작한다. 한 달 살기에 필요한 것들을 차에 싣고 고속도로를 쉬엄쉬엄 여섯 시간 이상 달렸다. 전복으로 유명한 완도. 그래, 오늘은 전복 코스요리다. 전복회, 전복물회, 전복 간장구이, 삶은 전복, 전복탕수, 전복죽, 그리고 다른 반찬들. 대체로 깔끔하고 맛있었다. 제주 사는 동안 걷기 열심히 해서 기필코 살을 빼고 말겠다는 각오를 다지며 서울을 떠났건만 첫날부터 어겼다. '아니지. 아직 제주도에 상륙한 건 아니니까 내일부터는 정말로 하루에 두 끼만 먹고 열심히 운동해야지. 한 달 동안 최소 몇 킬로는 줄여야지.' 그렇게 오늘 저녁 또 걸신한테 졌다. 내일부턴 기필코 이기고 말 것이다.

배에 차를 두고 나오면서 차를 정리하는 이에게 '왜 차량 티켓과 승객
티켓을 따로 끊어야 하느냐'고 물었더니 세월호 사고 이후 승선자를
정확히 파악하기 위해 그렇게 하고 있다는 대답. 그리고 덧붙인다.

"MBC에 계시지 않았나요?"

"예. 그렇습니다만…?"

"아까 티켓 끊으실 때 낯익다 생각했는데 이름 대시는 걸 보고
알았어요."

MBC 차량부에서 일하다 2017년 그만뒀다는 이훈재 씨. 전라도엔
아무 연고도 없지만 앞으로 가족 모두 완도에서 살 작정이란다.

"광주로 내려가셨지요?"

"예. 지난주 퇴임했어요. 지금은 제주도 한 달 살기 하러 가는
길이고요."

"그러시군요. 잘 다녀오십시오."

대합실에서 기다리던 아내에게 자초지종을 얘기하며 '세상 참 좁다'고
말했더니 이런다.

"당신 알아보는 사람이 많다는 거지? 어디 가서 나쁜 짓은 못하겠다."

새벽 5시 10분.

"승객 여러분. 제주에 도착했습니다. 하선하실 준비해 주세요."

선내 방송에 이어 선실에 불이 켜졌다. 2시간 40분의 항해.
주차칸으로 내려가기 전 방호복을 입은 사람들이 승객 한 사람
한 사람 체온을 재고 있다. 팬데믹을 다룬 영화의 한 장면 같다.
주차칸에는 헬멧을 쓴 건장한 사내들이 차량을 바닥에 묶어 놓은

줄들을 풀고 있다. 세월호 사고 이후 차량 묶기(고박固縛)는 철저히 행해지는 듯하다. 배를 빠져 나와 서귀포를 향해 차를 몰기 한 시간여. 목적지인 법환포구에 도착했다. 5층 아파트의 4층. 창문 밖으로 시원하게 바다가 펼쳐져 있다. 와우! 환타스틱! 드디어 제주 한 달 살기의 시작이다.

서귀포 법환마을

제주도 한 달 살기 첫날.

심야에 배 타고 오느라 잠을 제대로 자지 못해 거처에 도착하자 대충
씻고 소파에 곯아떨어졌다. 일어난 시간은 오전 11시. 마트에서
생필품을 사고 해장국으로 점심. 거처에서 내려다보이는 법환포구.
고려말 최영 장군이 갯가에 막사를 설치하고 왜구를 무찌른 적이 있어
'막숙개'라는 이름으로도 불린다. 법환마을은 서귀포 최남단 마을로
제주도에서 좀녀(잠녀=해녀)가 가장 많고 활발히 활동한다. 바닷가에는
해녀 조각상과 상징물들이 설치된 잠녀광장이 있고 해녀체험관이
있다. 자연이 빚어낸 경관과 인공적으로 조성한 공간이 아름답고
흥미롭다.

제주 바람 과연 세다. 눌러쓴 캡이 날아갈 정도라 가끔 앞뒤를
바꿔 써야 한다. 멀리 보이는 한라산. 정상에서 흘러내리는 능선이
무등산을 닮았다. 날카롭지 않고 완만하게 흘러내리는 곡선이 주는

법환포구 주택
2021 | 판타블로(캔버스+아크릴) | 33.3x24.2cm

보목포구 72
2021 │ 판타블로(캔버스+아크릴) │ 25.6x18cm

편안함. 무등산도 한라산도 왜 '어머니산'인지 알겠다. 바다에 떠 있는
새섬, 문섬, 범섬, 서건도 등등. 약간 오른쪽에 보이는 두 섬. 하나는
크고 또 하나는 작다. 호랑이를 닮았다고 범섬이다. 작은 마을이지만
개성 있는 카페들과 음식점들이 있고 게스트하우스, 호텔, 펜션들도
있다. 이마트도 있고 맥도날드, 스타벅스도 보이는데 가까이에 서귀포
혁신도시가 있어서일 것이다. 올레길 7코스가 법환포구를 지난다.
정방폭포, 외돌개, 약천사, 중문대포해안 주상절리대 등을 볼 수 있는
아름다운 길이다. 법환포구를 중심으로 좌우의 올레코스 약간과 마을
구석구석을 탐험했다. 바람은 부는데 몸에선 땀이 난다. 6천 보쯤
걸었다고 스마트워치가 알려준다.

+DAY 2

제주도 탐방, 허탕의 시작

아침부터 이슬비가 내렸다 그쳤다 한다. 빗속에 올레길도 그렇고 해서 두어 군데 명소 탐방을 하기로 했다. 전에 나주시청에 근무하는 후배가 가르쳐 준 표선면 토산리 본향당부터 찾아간다. 본향당은 마을의 토지와 안전을 관장하는 신을 모시는 신당이다. 각 본향당에는 본풀이가 있는데 어떻게 해서 해당 신이 그곳에 좌정하게 되었는지 알려주는 스토리다. 토산리 본향당에 모신 신은 바다를 건너온 나주 금성산신, 귀달린 뱀이다. '왕건이 고려를 건국할 때 금성산신의 도움을 받았다'는 말이 전해질 만큼 나주의 금성산은 신령한 산으로 소문났다. 고려시대에는 전국 7대 명산 중 하나였으며 다섯 개의 산신 사당이 있었다. 금성산신이었던 귀달린 뱀이 험한 바다를 건너 이곳 토산리 본향당의 신이 되었다는 전설. 나주 출신으로 어찌 가보지 않을 수 있겠는가.

법환리에서 표선면 토산리까지 근 50분 보슬비 속을 달렸다. 바닷가

가까운 쪽 도로엔 벚꽃이 만개하기 시작했다. 높은 산길엔 안개가
자욱했다. 토산1리 마을회관. 간판에 그려진 마을 지도에서 본향당을
발견, 차를 세워놓고 걸었다. 그런데 지도에 그려진 곳을 아무리
찾아봐도 신당 같은 건물은 없다. 귤밭 위 작은 가건물이 하나 있고
자물쇠가 채워져 있을 뿐.

'설마 이것? 에이, 아니겠지.' 중년 사내들이 보여 차를 멈추고
물었더니

"아, 본향당이요? 그거 옛날에 헐어버렸어요. 마을 사람들이 그래도
제사는 지내야 하지 않겠느냐고 해서 원래 자리에 가건물을 하나
지어놨어요. 제사는 1년에 한 번 지내고요."

"그 귤밭 위 자물쇠 채워진 작은 건물이요?"

그랬다. 이것일 리 없다고 했던 바로 그 작은 농막 같은 건물이
본향당이었다. 차를 돌려 본향당으로 다시 가서 사진을 찍어 후배한테
보냈다.

"이것이 나주 금성산신을 모신 본향당이라네." 그랬더니

"제주 역사에 정통한 분이 계는데요, 공무원 퇴직하고 지금 서귀포에
사셔요. 전화로 사장님 말씀 드렸더니 직접 만나 제주에 관한 깊은
얘기를 해드릴 수 있다네요. 한 번 만나보셔요."

그래서 윤봉택 선생과 통화했다.

"예? 나주 금성산신을 모신 곳은 토산2리 본향당인데요. 바닷가에
있어요."

허걱! 바닷가라고? 토산1리는 바닷가에서 한참 떨어져 있다.

"본향당이라고 해서 꼭 무슨 집이 있는 것도 아니구요. 큰 나무나 동굴,

성산 일출봉

바위 밑 같은 델 신당으로 삼아 신을 모시는 경우가 많아요. 건물이
있는 곳은 몇 군데 안 돼요."

밀려오는 허탈감.

"제가 수요일부터 시간이 납니다. 필요하시면 그때 안내해드릴 수
있어요. 저도 가본 지 오래돼서 정확한 위치와 현재 상태는 아는
사람한테 물어봐야 되겠지만요."

"감사합니다. 수요일 오전에 서로 연락하시죠."

다음 목적지는 성산 일출봉. 근데 일출봉이 사라지고 없다. 안개가
자욱했다. 입장료를 내고 오르는 길. 끝없이 이어지는 계단에 숨이
턱까지 찼다. 올라가도 올라가도 안개에 싸인 꼭대기는 자태를

쇠소깍 가는 길
2021 | 판타블로(캔버스+아크릴) | 24.3x19.1cm

드러내지 않았다. 몸을 돌려 아래를 내려다봐도 마찬가지였다. 일출봉
꼭대기엔 정상이라는 표지가 있었다. 사방이 모두 나무 데크다.
주변 경치는 안개에 묻혀 하나도 보이지 않았다. 맑은 날씨였으면
장관이었을 텐데.

'쇠소깍'. 한라산에서 흘러내린 물이 바다에 닿기 전 큰 못에 머무르며
아쉬움을 달래는 곳. 소 모양을 닮은 못이라서 쇠소. 거기에 제주도

말로 끝을 의미하는 깍이 붙어 쇠소깍이란다.

하효동. 바닷가에 검은 모래밭이 길게 펼쳐져 있다. 흑사장黑沙場이다.
나무로 된 계단을 내려가니 작은 배들과 제주도 전통 고기잡이 뗏목인
테우가 보인다. 테우에는 사람들이 가득하고 작은 목선들은 앞뒤로 두
사람이 타고 있다. 쇠소깍 위쪽, 물이 솟는 곳까지 올라갔다 내려오는
코스. 직접 배를 타고 보는 쇠소깍의 경치는 위에서 내려다보는
것보다 더 장관일 것이다. 쇠소깍을 내려다보는 절벽 위에 조성된
길고 좁은 나무데크길을 따라 산책한다. 코스 도중에 있는 간판들이
본향당과 해신당 자리라고 알려준다. 과연 윤봉택 선생 말처럼
따로 집이 있는 게 아니라 그냥 커다란 나무 밑이나 바위 밑이 마을
수호신과 해신을 모시는 신당이다.

쇠소깍이 있는 하효동. 멀리 방파제에 빨간 등대와 하얀 등대가
보인다. 빨간 등대로 가는 길. 착시효과를 일으키는 그림을 커다랗게
그려놓았다. 사진 찍을 위치를 알려주는 카메라 그림도 그려져
있다. 벽에 그려진 작은 그림이 시키는 대로 하니 과연 착각을 불러
일으키는 사진이 찍힌다.

귀가하는 길. 스마트워치 기록을 확인하니 만오천 보 정도 걸었다.
법환포구로 내려가 '황금손가락 초밥집'에서 가장 양이 적고 싼
메뉴를 시켰다. 초밥 11점에 약간의 우동과 튀김 하나로 된 세트. 맛은
탁월하진 않았지만 먹을 만했다. 만이천 원. 가성비가 괜찮았다.

쇠소깍 일출

2021 | 판타블로(캔버스+아크릴) | 33.4x24.2cm

계속되는 허탕, 왈종미술관에서 만회하다

깨어나 가장 먼저 하는 일은 일기예보 확인이다. 제주 지역 오늘
날씨는 오전 강수확률 30% 오후 20%, 기온 8도에서 12도. 창밖을
보니 앞바다에 떠있는 범섬의 윤곽이 또렷하다. 집 앞 대나무들이
심하게 흔들리는 걸로 보아 제법 바람이 세다. 오늘의 목적지는
'거문오름'. 5.16도로를 달린다. 구불구불, 헤어핀커브의 연속이다. 한
시간 이상을 달렸는데도 거문오름에 도착하지 못했다. 내비가 시키는
대로 대로를 벗어나 굴다리 밑을 지났더니 비좁은 산길이 나온다.
이상하다. 스마트폰을 들어올려 목적지를 확인한다. 어라, 이게 뭐람.
'거문오름'이 아니라 '검은오름'으로 설정돼 있는 게 아닌가. 아뿔싸!
출발 전 아내에게 "거문오름을 입력해 줘"라고 말하고 확인하지
않았다. 제주에는 '거문오름' 말고 '검은오름'도 있으니 아내를 탓할
일도 아니다. 거문오름으로 고쳐 입력하고 유턴. 무려 25km 이상을
더 달려야 했다. 도착한 거문오름 주차장. 바람소리가 시끄럽다.

전깃줄까지 흔들어대는 강풍이다. 안내소 입구에서 체온을 재고
QR코드를 찍고 매표소로 간다. 그런데

"인터넷 예약하셨어요? 예약 안 하시면 못 들어가요. 저기 전시관은
그냥 보실 수 있어요."

하릴없이 돌아선다.

"비자림 못 가 봤잖아. 거기 가자. 여기서 멀지도 않은데."

다시 차를 몰기 30분 만에 도착한 비자림 주차장. 주차요원이 앞
차에게 두 손으로 엑스자를 표시하며 돌아가라고 한다.

"코로나로 정원의 50%만 입장을 허용하고 있습니다."

"몇 명까진데 벌써 끝났어요?"

"1,300명요. 진작 다 찼어요."

"여기도 사전 예약해야 돼요?"

"그런 거 없어요."

그러고 보니 오늘은 일요일. 휴일에 관광명소를 찾아다니는 게
아니지. 퇴직하고 나니 평일인지 휴일인지 감각이 없다. 다시 차를
돌려 서귀포 쪽으로. 점심은 가는 도중에 해결하고 올레길이나 걷자.
길가 건물에 흑돼지라고 쓰인 커다란 간판이 걸려 있다. 1인분 만 원.
얇게 썬 데다 익으니 양이 푹 줄어든 흑돼지는 그런대로 먹을 만했다.
허기가 사라지자 마음이 한결 느긋해졌다. 졸음이 쏟아졌다. 운전대를
아내에게 맡기고 조수석 의자를 끝까지 제끼고 길게 누웠다. 바로 꿈
속으로 빠져들었다.

눈을 뜨니 '외돌개' 주차장이다. 여러 번 와본 외돌개는 크게

외돌개

감흥이 없다. 여기 차를 세워두고 적당히 먼 데까지 걸어갔다
오자. '왈종미술관'에 가려고 내비로 거리를 확인하니 2.6km. 왕복
5.2km. 휘익 '외돌개'를 둘러보고 걷기 시작했다. 길가를 따라
높이 쭉 뻗은 야자수들이 길게 늘어서 있다. 이국적 풍경이다.
야자수길이 끝나는 지점 오른 쪽 자그마한 카페 '선샤인코스트'를
지난다. 인도에 바짝 붙은, 초가지붕으로 엮은 집이 있다. 들어가는
입구가 아기자기하다. 깨끗하게 단장되어 있는 걸로 보아 사람이
살고 있는 듯하다. 카페 '블라썸'을 지나 '덕판배미술관'을 둘러본다.
입주 예술가들의 작업실들이 있다. 바로 옆 '칠십리시공원'. 유명한

시들을 새긴 시비들이 즐비하다. 구멍 두개를 뚫어 놓은 큰 돌에
구상의 시 '한라산'이 새겨져 있다. 공원 옆을 깊은 계곡이 흐른다.
상류에 '천지연폭포'가 있다. 바닷가쪽 나무가 무성한 숲 사이로
가파른 나무계단이 있다. 조심스레 내려간다. 중간에 작은 절이
있다. 태고종의 사찰이다. 제주도를 걷다 보면 종종 올레길 리본과
함께 '절로 가는 길' 리본을 만난다. '불교신문사'라고 쓰여 있는
걸로 보아 올레길의 불교계 버전인 듯하다. 계단이 끝나자 나타나는
넓은 천지연폭포 주차장을 지나 바닷가로 난 길을 걷는다. 커다란
나무 아래 돌로 된 큼지막한 할머니 얼굴상이 철망 안에 든 작은
돌들에 둘러싸여 있다. 아래 설명문에는 "할머니에게 소원을 빌어
보세요." 라고 써 있다. 바닷마을 사람들의 안전과 복을 지켜주는
할망신을 모시는 신당이다. '칠십리음식특화거리'라고 쓰인 커다란
기둥문이 설치된 거리가 끝나자 오른 쪽에 중국식 기둥문이 나온다.
'서복공원'이라 쓰여 있다. 올레길 6코스가 이 문을 통과한다. 오른쪽
아래로 내려가면 정방폭포로 갈 수 있다. 서복(또는 서불)은 기원 전
3세기 중국 사람으로 진시황의 명을 받아 불로초를 구하러 어린 남녀
수천 명과 함께 동쪽 바다를 건넜다. 제주도 한라산에 올라 갖가지
약초를 구한 후 정방폭포 옆 바위에 서불과지(서불이 지나가다)라는 글을
남기고 떠났다. 서귀포라는 지명의 유래다. 서복은 중국으로 돌아가지
않고 왜나라에 정착했다고 하며 일본 여기저기에 서복과 관련된
기록과 이야기들이 전한다. 일본사람들도 서복을 기념하고 제사를
지낸다. 중국의 앞선 농사법과 기술을 전해준 은인이기 때문이다.
바로 나타나는 작은 중국식 정원. '서복불로초공원'이다. 한라산의

갖가지 약초들을 심어 가꾸고 있다. 불로초공원을 왼쪽으로 바라보며
왈종미술관 쪽으로 가는 길. 서복의 이야기를 그림으로 조각한
석판들로 세운 담장이 제법 길다.

길 건너에 왈종미술관이 모습을 드러냈다. 아담한 사이즈에 개성 있는
디자인의 개인 미술관. 입구 왼쪽에 아트숍이 있고 들어가 오른쪽은
미술관 마당이다. 이왈종 화백의 조각 작품들이 군데 군데 놓여 있고
꽃나무와 화초가 가득하다. 활짝 피기 시작한 벚꽃, 지기 직전인
동백꽃, 노랑 과일들, 처마 끝에 앉아 두리번거리는 까치…. 이 화백의
그림에 나오는 것들, 색깔들이 한데 모여 있다. 입구를 들어서자
미디어아트가 맞는다. 가로로 긴 스크린 위에서 동영상으로 펼쳐지는
이 화백의 작품세계. 이층으로 올라가는 계단에 서서 한참을 감상한다.

왈종미술관

계단 벽에도 작품들이 걸려 있다. 이층 창밖으로 환하게 제주 바다가
펼쳐져 있다. 작품들은 대부분 이층에 전시돼 있다. 미디어아트가
상영되는 스크린, 크고 작은 그림들, 조각 작품들, 화려한 색들이
뿜어내는 강렬한 기운으로 가득찬 방. 걸어오느라 지친 몸과 마음에
순식간에 활기가 들어찬다. '제주생활의 중도'. 이왈종 화백의 시리즈
작품명이다. 중도中道?

"삼라만상은 인과 연의 연기작용 속에서 끊임없이 변하는 것인바,
불변의 고정된 실체란 있을 수 없다. 고로, 인간의 이분법적
지식과 분별에서 비롯된 집착에서 벗어날 때 비로소 참된 자유를
누릴 수 있다. 반야심경의 지혜에서 비롯된 중도철학은 이왈종의
생활철학이자 예술철학으로 그의 작품활동을 지탱해온 미학적
기반이다."

그림에 등장하는 소재는 꽃, 과일, 게, 새, 강아지, 물고기, 배, 요가하는
여인, 골프치는 사람, '그럴 수 있다 그것이 인생이다', '아고 바보야
죽으면 늙어야지' 같은 글귀, 알몸으로 엉킨 남녀 등등. 보기만 해도
상쾌해지는 그림들. 작품속 세계만큼 작가의 제주생활이 즐겁다는
뜻일 게다. 옥상에는 조각 작품들이다. 젤 많은 게 수탉이다. 색이며
소재며 한국 냄새가 물씬난다. 그밖에 사찰 처마의 나무 조각, 단청,
탱화…. 삶의 희로애락을 한국적 색채와 기법으로 해학적으로
그려내며 독특한 자기만의 세계를 구축한 화가. 이 화백을 한국
민화를 현대적으로 재창조한 작가라고 평하는 까닭이다. 오래전부터
별렀던 '왈종미술관'. 보고 나니 후련했다. '서귀포매일올레시장'
구경을 끝으로 제주에서의 하루가 또 지나갔다.

하례리언덕

2022 ㅣ 판타블로(캔버스+아크릴) ㅣ 60.6x90.9cm

아름답게 가꿔진 오설록 티뮤지엄

운동을 거의 하지 않다가 갑자기 며칠 연속 걸었더니 종아리 근육이 당기고 아프다. 오늘은 조용히 쉬고 싶었지만 마침 제주에서 취재 중인 조동성 PD(크리에이티비스트 대표)를 만나기로 했다. 법환에서 차로 30분쯤 걸린다. 이십수 년 전 도쿄 PD특파원으로 있을 때 일본 방송사 일을 하던 그와 취재 현장에서 종종 마주쳤다. 내가 귀국한 지 얼마 후 그도 귀국해서 일본 방송계에 인재를 공급하는 일을 하는 회사의 한국 지사를 맡았다. 지금은 SONY가 운영하는 M-On 채널에 K-POP 취재물을 공급하며, 일본 전문 케이블 채널인 J의 '한국인도 모르는 한국 여행'이라는 프로그램을 제작하고 있다. 오후 2시. 그와 만나기로 한 '제주그림카페'는 '제주항공우주박물관'에 있다. 거대한 박물관 안으로 들어가면 바닥에 놓인 비행기, 천장에 매달린 비행기와 우주선들이 시선을 끈다. 항공우주와 관련된 전시관, 기념품샵이 있다. 카페는 4층이다. 창, 의자, 테이블, 기둥, 바닥이 온통 흑백 두 가지 색의

오설록 티뮤지엄

중세 유럽풍 그림들로만 된 카페다. 어디에 앉아도 그림 속에 들어가
있는 듯한 착각이 든다. 홀로 제주를 여행하는 젊은 여성들 사이에서
인스타에 올리기 좋은 사진이 나오는 이른바 '인스타그래머블한
카페'로 유명하단다. 창문으로 보이는 뷰. 멀리는 제주 바다고
가까이는 온통 녹색의 넓은 차밭이다. 오설록 티뮤지엄이 멀지 않다.

다음 목적지는 '오설록 티뮤지엄'. 오설록 차밭은 37년 전 신혼여행 때
들른 적이 있다. 아모레퍼시픽이 1979년에 차밭을 개간하고 1983년
첫 차를 수확했으니 바로 이듬해였다. 오설록티뮤지엄은 2001년에

개관했다. 잘 가꾸어진 정원과 차밭이 선사하는 풍경이 아름답다.
한국 차문화의 명맥이 겨우 숨만 붙어 있을 때 이곳 제주에 차나무를
심고 가꾸어 다양한 차를 제조하고 차 성분을 활용한 화장품이며 관련
상품을 개발해온 아모레퍼시픽 창업자 서성환 회장의 혜안이 놀랍다.
요즘 화두인 농업의 6차산업화를 일찍부터 실천해 왔다. 오설록
티뮤지엄에는 아모레퍼시픽에서 생산하는 이니스프리 화장품 매장
건물도 있다. 체험 코너, 스탬프 코너 같은 즐길 거리도 있어 아이들을
데려온 가족들도 많다. 황무지나 다름없던 산중에 조성한 차밭이
40여 년이 흐른 후 이렇게 엄청난 산업으로 발전하리라 확신한
사람이 서 회장 말고 또 누가 있었을까. 비전과 추진력 있는 선구자의
소중함을 새삼 생각한다.

다음 목적지는 카페 '풀베개'. 안덕면 서광리 마을 가운데 있다.
마을재생의 좋은 샘플이다. 카페 주인은 허익 씨다. 음대를 나와
울산시립교향악단, 경기도립교향악단에서 바이올린 주자로
활동했다. 그러다가 영국으로 사진을 공부하러 떠났다. 돌아와 광주
아시아문화전당 사진을 전담하는 포토그래퍼가 되었는데 2년 전
제주도로 내려왔다. 카페를 운영하면서 느긋하게 살고 싶어 이곳에서
버려져 있던 폐가를 발견해 원래 있던 집의 뼈대를 그대로 남기고
1년 걸려 고치고 보강했다. 인테리어도 소박하고 정갈하게 꾸몄다.
유리창을 통해 제주 마을의 풍경과 분위기가 들어온다. 개업한지 1년.
입소문을 타고 많이 유명해졌다. 디지털 시대에 카페 하기에 불리한
장소는 없다. 독특한 매력이 있으면 인스타그램을 통해 짧은 시간

안에 인기가 폭발한다. 남이 올린 사진을 보고 따라 하는 이들도 있다.
카페 안엔 개 두 마리가 서식하고 있다. 한 마리의 등에 명찰이 달려
있다. '풀베개 직원 영남이'. 손님들이 뭐라 하든 신경쓰지 않는다.
유유자적. 내가 앉은 의자 밑에 반쯤 들어가 길게 눕더니 잠든다.

약천사. 뭍에서 보기 힘든 풍경의 절이다. 규모도 대단해서
대적광전은 동양에서 제일 크단다. 노랑 유채꽃과 만개한 벚꽃 뒤로
보이는 야자수, 오렌지나무들, 그리고 절의 거대한 지붕. 환상적인
그림이다. 절 마당에 줄지어 놓인 작은 돌코끼리들과 대웅전 앞에
놓인 동상도 재밌다. 호리병을 든 손, 부푼 배, 활짝 웃는 얼굴.
특히 배가 반질반질하다. 사람들이 많이 쓰다듬는 모양이다. 나도
만져봤는데 동그란 곡선의 느낌이 풍만하다. 절을 나와 얼마 안 가

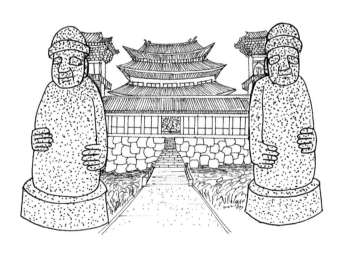

약천사

도로가에 선글라스를 낀 돌하르방 자판기를 봤다. 재밌다. 귤제품을 생산하는 농사법인이 판매하는 제품을 품고 있다. 이런 아이디어를 내는 사람은 만나보고 싶다. 분명 유연하고 열린 사고를 하는 사람일 것이다. 많이 보고 느끼고 배운 하루가 또 이렇게 지나간다.

청색의 섶섬

2021 | 판타블로(캔버스+아크릴) | 25.8x17.9cm

한옥, 책방으로 태어나다

제주시 탑동의 '고씨책방'. 내비에서는 '산지천갤러리'라 치면 된다.
제주식 일본식이 섞인 독특한 가옥이다. 도심재생센터가 제주시
위탁을 받아 운영한다. 크고 작은 두 채로, 작은 채는 책방이다.
주민들이 모여 회의도 하고 쉬기도 한다. 이런 곳이 하나라도 더
많아지면 도시의 큰 매력자산이 된다. 점심은 고씨책방 가까운
음식점 '곤밥2'로 간다. 오후 두 시인데도 사람들이 대기번호를 받고
기다린다. 30분이 넘게 기다려 겨우 자리를 잡았다. 나오는 음식을
보니 왜 사람들이 많은지 알겠다. 정식이 1인분에 7,000원인데
옥돔 튀김 세 마리와 돼지고기 두루치기 한 접시에 반찬들과 밥이 한
세트다. 가성비 짱이다. 예약은 안 받는다.

다음 목적지는 D&DEPARTMENT. 맵을 보니 걸어서 갈 만한 거리다.
아라리오미술관에서 가깝다. '나가오카 켄메이'의 오래 쓰는 디자인

고씨책방

철학으로 새로운 소비 트렌드를 창조하고 있다. 진열된 상품들을
둘러보니 재활용, 친환경, 간소, 최소, 그런 단어들이 떠오른다. 최근
제주 젊은이들뿐 아니라 관광객들에게도 핫플레이스로 알려졌다.

'제주곶자왈도립공원'에 들러 귀가하기로 하고 한 시간 가까이 차를
몰았다. 곶자왈공원은 국제학교가 있는 대정읍에 있다. 다섯 시에
도착해 주차장으로 들어가려는데 빗자루를 든 여성이 뭐라고 한다.
창문을 내리고 들어보니 입장 시간이 끝났단다.
"몇 시까진데요?"
"네 시까지요."

동문시장

그대로 차를 돌려 귀가하는 길. 잠시 강정항에 들렀다. 서쪽으로 해가 기울고 있었다. 정박된 배의 이름이 'BANGTAN FISHERMAN'. 방탄소년단이 유명해진 이후 만들어진 모양이다. 등대가 있는 방파제에 올랐다. 가까이 빨간 등대. 저 멀리 다른 방파제엔 하얀 등대가 있다. 그림이 예쁘다. 등대엔 묘한 매력이 있다. 시인 김춘추의 시 '등대'를 떠올린다.

섬과 섬 사이에도

등대가 있고

등대 없는 섬은 사람보다 외롭다

괭이갈매기가 야옹야옹 하는 등대
괭이갈매기가 야옹야옹 안 하는 등대
가슴이 붉은 등대
머리가 하얀 등대
썰물엔 정강이가 시린 장다리 등대
밀물엔 숨이 차는 난쟁이 등대
꽃게랑 같이 사는 등대
태풍의 주먹에 눈알이 한 개 날아간 애꾸눈 등대
청맹과니 등대…

사람의 눈만치나 등대는 많지만
아직도 생선 기름으로 불 밝히는 나의 구식 등대는
그림자도 없는

나 홀로 짐승이어라

섶섬 일출을 보는 그녀
2021 | 판타블로(캔버스+아크릴) | 31.5x40.5cm

올레길은 7코스가 제일 아름답다?

법환은 올레길 7코스의 중심으로 동서 어느 쪽으로 걸어도 좋으나
오늘은 서쪽으로 가 보자. 바닷가로 난 올레길은 아니지만 볼 게 많아
지루하지 않다. 한참을 걷다 보니 제법 넓은 계곡이 나온다. 물은
흐르지 않고 계곡 바닥은 유채꽃이 지천이다. 길가에서 연한 핑크색
홑겹 동백꽃을 만났다. 빨강에 속하는 동백꽃들만 봤는데 핑크색
동백꽃이라니. 신기하고 예쁘다.

계곡을 따라 더 내려가자 물소리가 들린다. 바다에 가까워지며 땅속을
흐르던 물이 위로 올라온 모양이다. 다리 난간이며 길가에 수많은
깃발, 입간판, 플래카드가 설치돼 있다. 강정해군기지 반대운동을
하던 시민들이 세운 것들이다. 해군기지 건설 찬성 반대파로 갈려
강정은 갈갈이 찢어졌고, 정부는 해군기지를 건설했다. 억겁의 세월
강정 해안을 지키던 구럼비 바위는 폭파되었고 가까운 바다에서

놀던 돌고래도 떠나갔다. 최근엔 해군기지 진입도로 공사가 환경을 파괴한다고 또 시끄럽다. 강정천 주변에 있는 주상절리들이 무너져 내린 것, 강정천에 살던 원앙들 숫자가 줄어든 것, 모두 도로공사 때문으로 추정된단다. 강정의 도로에 환하게 핀 벚꽃들이 애잔하다.

'강정민군복합항(해군기지)'이라고 쓰인 표지판을 지나 걷는다. 오후 한 시를 넘었다. '강정포구횟집'으로 들어간다. 얼큰한 매운탕이 먹고 싶다. 메로매운탕 1인분에 만 2천 원. 리즈너블하다. 메로는 대부분 남극해 주변에서 잡히는데 입이 크고 이빨이 날카로운 생선으로 살이 맛있다. 일식집에서 메로구이로 주로 접해 일본말처럼 들리지만 영어다. 메로피쉬(mero fish). 파타고니아 치어齒魚(Patagonia toothfish)라고도 한다. 매운탕은 맛있었다.

'올레 7코스가 제일 아름답다'는 말이 괜한 소리가 아니다. 절벽 뒤쪽 몇 척의 배들이 정박해 있는 작은 포구는 '월평포구'다. 바닷가에서 먼 방향으로 한참을 걷는데 "어라, 어디서 본 하르방인데?" 혼잣말을 했다. 귤자판기를 품고 있는 선글라스 낀 바로 그 하르방이다. 괜시리 반갑다. 월평 버스정류장에서 652번 버스를 타고 법환초등학교 앞에서 내렸다. 두 정류장을 더 타고 가 법환농협 앞에서 내렸어야 하지만 누가 기다리는 것도 아니고, 다리도 풀겸 좀 걸으면 되지. 집에 들어가기 전 궁금증 하나를 해결하기로 했다. 창문을 열면 바로 앞에 보이는 기와지붕. 그 뒤 대나무숲이 흔들리는 것으로 내가 아침마다 바람의 세기를 가늠하는 곳. 어떤 곳일까. 골목길로 조금 들어가자

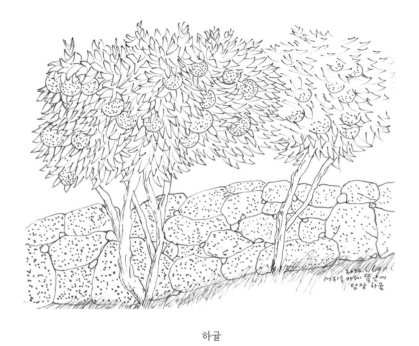

하귤

바로 알았다. 아, 절이구나. '혜광사'. 달랑 종루 하나, 대웅전 한 채로 된
작은 절. 궁금증이 해소됐다.

+DAY 7

〈인간시대〉의 추억, 비양도

비양도에 다녀왔다. 한림항에서 오전 11시 20분 '비양도호'를 타고
들어갔다가 오후 1시 30분 배로 나왔다. 비양도와 한림항을 왔다 갔다
하는 배는 '비양도호'와 '천년호' 두 척이다. 비양도 주민들이 운영하고
왕복요금은 관광객 9,000원, 주민 8,000원이다. 한림항에서 손을
뻗으면 닿을 듯 가까워 배로 15분이면 도착한다. 섬 둘레는 2.5km
정도. 화산학적으로 매우 의미 있는 곳이다. 해안길을 걷다 보면
특이한 모양의 화산암들을 만난다. 가장 유명한 게 '애기 업은 돌'이다.
화산학 용어로 호니토(hornito)라고 한다고 그림과 함께 쓰여 있다. 내
눈에는 사람이 아니라 '아기 곰을 안은 어미 곰'으로 보인다. 코끼리
바위, 원숭이, 늑대, 고릴라, 닭, 곰을 닮은 바위들도 있다. 비양도의
바위들에서 숨은 그림(동물) 찾기를 하며 걷는 것도 재미있을 것 같다.
'펄랑못'이라는 이름의 염습지도 있다.

색달중앙로길 귤밭
2021 │ 판타블로(캔버스+아크릴) │ 53x46cm

비양도를 꼭 가고 싶었던 이유가 있었다. 1987년. MBC 프로그램이었던 '인간시대'를 찍기 위해 비양도에 들렀다. 한림에서 이발관을 하는 조성기 씨가 주인공인데, 주말이면 비양도 등 이발소가 없는 곳을 찾아다니며 이발 봉사를 다니는 착한 사람이었다. 김상옥 선배가 PD였고 나는 AD였다. 그런데 촬영, 편집까지 끝났는데 방송을 할 수 없는 사태가 생겼다. 1987년 6.10 시민항쟁 이후 회사 내에 '방민추'(방송민주화추진위)가 결성되어 '방송에 대한 외부의 억압이나 간섭을 중지하고 그런 성격의 프로그램을 폐지하라'는 요구를 회사 측에 강하게 전달했다. 인간시대의 주인공 조성기 씨가 '전두환에게 표창을 받았다'는 사실도 문제로 삼았다. '그렇다면 그 부분을 빼고 방송하겠다'는 PD의 제안에도 불구하고 교양제작국장은 방민추의 요구를 들어 '무조건 방송불가'였다. 난감했다. 무엇보다 '나 TV에 나온다'고 목이 빠지게 기다리다가 자기로서는 도저히 이해할 수 없는 이유(좋은 일 했다고 독재자 대통령한테 표창받은 것이 잘못이라는)로 방송에 나오지 않는다는 것을 알게 될 조성기 씨와 그를 아는 모든 사람들을 생각하면 한동안 잠이 오지 않았다. 그동안 제주도에 올 때마다 조성기 씨가 생각났다. 지금은 어디서 살고 계실까. 예정대로 방송됐으면 그 후로 연락도 하고 살았을 텐데… 인간시대를 촬영하던 때의 비양도는 사라지고 AD 시절의 추억만 남아 있다. 35년 전, 이발 봉사를 가는 조성기 씨를 따라 들어갔던 비양도는 한적하고 가난하고 황량했던 작은 섬이었는데 지금은 시멘트로 일주도로가 만들어져 있고 카페와 음식점들도 생겼다. 많을 땐 주말에 7~800명, 평일에도 2~300명이 비양도를 찾는다고 한다.

비양도를 나와 차귀도로 가려고 했는데 차귀도 가는 배편이 두시 반에 끝났다고 해서 '수월봉 지질트레일'로 차를 돌린다. 화산섬 제주도는 2010년 유네스코 세계 지질공원이 됐다. 총 열두 군데의 지질 명소들 중에서도 수월봉은 화산학 연구의 교과서로 불릴 만큼 다양한 화산 퇴적구조를 보이는 곳이다. 작년 광주 MBC가 마련한 국내 지질공원 탐방 프로그램 참관차 수월봉에 왔던 적이 있다. 화산폭발로 형성된 제주도의 지질구조에 대한 해설이 매우 흥미로웠다. 모를 때는 아무 감흥 없이 지나치지만 조금이라도 지식이 생기면 지질구조가 그렇게 흥미로울 수 없다. 아는 만큼 보이기 때문이다. 제주도 여행을 지질 탐구 중심으로 해보시길 추천한다. 수월봉 아래 바닷가길을 따라 멀리 차귀도를 바라보며 걷는 올레코스 또한 환상적이다. 걷기 싫으면 전기 스쿠터를 타도 된다. 수월봉 안내소 옆에서 빌려준다. 수월봉 절벽 아래 쪽엔 태평양전쟁 막바지에 일본군이 판 갱도 진지도 남아 있다. 제주도 전체를 철벽 요새로 만들어 미국과 끝까지 싸우겠다고 결의를 다지면서, 카이텐回天이라는 인간어뢰로 적함을 격침시키고 산화하겠다며 훈련도 했지만, 일왕 히로히토가 무조건 항복함으로써 일본은 패망했다.

바다를 건너온 나주의 뱀, 토산리의 신이 되다

비자림. 지난번 못 들어간 걸 기억하고 서둘러 열시반 쯤 도착했다. 입장권(1인 3천 원)을 사고, 열체크를 하고 들어간다. 설명 간판을 보니 긴 A코스가 2.2킬로, 짧은 B코스는 1킬로다. 다 돌아도 3.2킬로밖에 안 된다. 자연적으로 자란 비자나무들이 숲을 이루고 있다. 나뭇잎이 한자로 비非자를 닮아 비자榧子라는 이름이 붙었다. 설명문엔 비자가 어디 어디에 좋은지 설명해 놓았다. 작은 나무와 엄청나게 오래돼 큰 나무들이 섞여 자란다. 피톤치드도 많이 나오고 테르펜도 많이 나온다. 비자나무에서 많이 나오는 테르펜은 성격을 안정시키고 뇌기능을 향상시킨다. 길에 깔아놓은 붉은 색 흙은 송이(scoria)다. 화산활동으로 만들어진 것으로 천연 세라믹인데 인체 신진대사에 좋고 살균작용이 있다. 비자림을 한 번 걸으면 건강체로 재탄생하게 될 것 같다. 마스크를 내리고 크게 숨을 들이쉰다. 비자림은 기대했던 것만 못했다. 무엇보다 크기가 무척 작았다. 호젓이 심호흡을 하며 산길을 걷는 모습을 상상하면 오산이다. 아무리 공기가 좋아도 사람들이 많아 마스크를 내리고 맘껏 숨쉬기 쉽지 않다. 사랑나무라는 연리지 사진을 찍고 비자림을 나왔다. 못내 아쉬움이 남는다.

비자림로 봉개동 구간에서 조천읍 '물찻오름'을 지나 남원읍 '사려니오름'까지 가는 '사려니숲길'은 해발고도 550m. 약 15km를 걷는 길이다. 갖가지 종류의 나무들이 내뿜는 좋은 성분이 세포 구석구석까지 스며들어 건강에 좋다고 많은 사람들이 찾아온다. 그런데 숲길 입구까지 가는 데만 2km 이상이라 선뜻 내키지 않는다. 차를 돌려 근처에 있는 '절물자연휴양림'으로 향했다. 입장료 1인당 1,000원, 주차비 3,000원. 하루 입장 인원을 1,000명으로 제한하고 있다. 휴양림 게이트를 통과하자 돌로 포장된 길 좌우로 하늘을 향해 곧게 뻗은 나무들로 빽빽한 숲. 삼나무숲이다. 왼쪽 숲 윗쪽으로 휴양림 시설들이 들어서 있고 그 위로 봉긋하게 솟은 동산이 '절물오름'이다. 오솔길을 따라 가면 정상에 다다른다. 오른쪽으로 방향을 틀자 커다란 사천왕상들과 불상이 보인다. '약수암'이라는 현판이 걸려 있는 작은 절이다. '누구든 자유롭게 들러 커피나 음료 마음대로 드시라'는 글이 붙어 있다. 인스턴트 커피와 뜨거운 물이 나오는 통이 놓여 있다. 오른쪽 길에 '장생의 숲길'이라고 말뚝에 써있다. 비자림과 달리 사람이 거의 없다. 드문드문 맞은 편에서 오는 사람과 스치며 호젓한 숲길을 걷는다. '장생의 숲길'. 오래 걸으면 오래 살 것 같은 길이지만 10km가 넘는다. 적당한 지점에서 돌아가기로 한다. 다음 번엔 절물휴양림에서 아예 하루를 보낼 생각을 하고

바람부는 신창 해변
2021 | 판타블로(캔버스+아크릴) | 53.0X45.5cm

와야겠다.

지난번 실패한 본향당 찾기를 다시 하기로 했다. 나주 금성산신이었던
뱀을 신으로 모시는 제주의 신당. 기필코 눈으로 확인하고 싶었다.
나주 후배한테 소개받은 제주 토박이 윤봉택 선생이 자료와 사진을
보내줬다. 내비에 토산2리를 찍고 서귀포 쪽을 향해 가는 길.
'절물오름'을 출발한 지 얼마 되지 않았는데 '토종닭 유통 특화지구
삼다수마을'이라고 쓰여 있는 커다란 간판을 만났다. 조천읍 교래리다.

주변에 음식점들이 제법 눈에 띈다. 칼국수라고 쓰인 집 문에 "저희 가게 김치 중국산 아닙니다. 직접 담근 김치입니다."라고 쓴 종이가 붙어 있다. 손님들이 얼마나 중국산 김치 아니냐 물어봤으면 아예 이런 종이를 문에 붙여 놨을까. '메밀칼국수 7,000원, 닭칼국수 9,000원, 꿩칼국수 12,000원'이라고 붙어 있다.

"제주도 하면 꿩이지. 기왕이면 꿩칼국수 먹어 보자."

했는데 꿩 고기 몇 점에 메밀을 우동 면발처럼 굵게 뽑았고 국물은 텁텁했고 꿩고기는 질겼다. 꿩고기를 처음 먹어본 아내의 반응이 신통치 않다. 값도 다른 칼국수보다 비쌌는데.

"그래도 꿩고기가 어떤 건지 먹어봤잖아. 서울에서는 먹고 싶어도 먹기 힘든 거야."

나주 금성산의 신이 건너와 좌정했다는 제주도 신당을 기어코 두 눈으로 확인하고 싶다. 토산2리 마을회관 옆 경로당에서 대여섯 명의 노인이 화투놀이를 하고 있다.

"말씀 좀 묻겠습니다. 여기 본향당이 어디 있는지 아셔요?"

"본향당? 아, 그거? 마을사람들이 없애버렸더니 무속인이 제사는 지내야 한다고 바닷가 포구 옆에 다 비닐하우스로 하나 지어놨어."

"예? 동네 사람들이 제사를 지내는 거 아니고요?"

"동네에서 제사 안 지낸 지 오래여."

내비에 토산포구를 찍고 바닷가 쪽을 향해 좁은 길을 구불구불 내려가자 조그만 포구가 나온다. 주위를 둘러보니 있다. 윤봉택 선생이 보내 준 사진 속 모습 그대로 포구 한쪽 켠에 비닐하우스가

신창해변노을
2021 | 판타블로(캔버스+아크릴) | 49.9x33.3cm

있고 자물쇠가 채워져 있다. 자물쇠 옆에 구멍이 뚫려 있었다. 안을 들여다보니 텅 비어 있다. 여기서 금성산신이었던 뱀신에게 어떤 무속인이 제사를 지내는 모양이다. 스마트폰을 집어 넣어 사진을 찍었다. 제주도에는 '당500 절500'이라고 하는 말이 있을 정도로 수많은 신당이 있었지만 그것들이 급속하게 사라지고 있다. 더불어 옛 전설들도 잊혀지고 있다. 토산2리 본향당. 누가 가르쳐주지 않으면 신당이라고 상상조차 하기 어려운 초라한 비닐하우스를 보며 나주와 제주를 이어주는 스토리가 영영 잊혀지기 전에 나주와 제주 사람들이 협력해서 본향당을 지키고 알리고 길이 전할 방법은 없을까 생각해본다.

본향당 위쪽으로 올레길 4코스가 지나고 있어 '제주소노캄리조트' 앞을 지나는 올레길을 잠시 걸었다. 파노라마처럼 펼쳐지는 풍경이 너무도 아름답다. 바닷가 쪽으로 내려서면 만나는 돌로 지어진 작은 집. 멀리 바다에서 유영하는 고래들을 볼 수 있는 '고래전망대'다. 고래를 그린 그림과 붉은 햇빛이 가득찬 바다 그림이 벽면을 가득 채우고 있다. 고래전망대 위쪽, 소노캄리조트 앞에 이웃하는 나뭇가지들이 서로 어우러져 하늘을 배경으로 절묘하게 하트 모양의 공간을 만들어내는 곳이 있었다. 젊은 연인 한 쌍이 땅바닥에 휴대폰을 놓고 작은 단 위에 올라가 원격으로 앙각 사진을 찍는다. 여러 쌍의 연인들이 차례를 기다리고 있다. 모두 SNS를 통해 알고 찾아왔을 것이다. 예쁜 사진이 나오는 곳이면 어디든 사람들이 찾아온다. 세상이 변했다.

표선 해뜨는 가게
2022 ┃ 판타블로(캔버스+아크릴) ┃ 53x46cm

쏟아지는 폭우, 4.3의 피눈물

흐리다가 빗방울이 떨어지기 시작했다. 서귀포 시내에 4.3 73주년을
알리는 아치가 들어섰다. 4.3 관련지들을 돌아보기로 했다. 차를 몰고
한라산을 넘는다. 4.3기념관에 도착하자 빗방울이 굵어진다. 바람도
세다. 벌써 참배를 끝낸 사람들이 나온다. 고등학생들이 줄지어
들어간다. 체온을 재고, 제주 간편앱으로 큐알코드를 찍어 신원을
등록하고, 손에 소독약을 바르고 전시실 내부로 들어갔다. 해방 후
정국상황부터 4.3의 발발, 이후 지금에 이르기까지 일목요연하게
설명돼 있다. 사진과 글과 동영상과 재현물들이 입체적으로 4.3의
전모를 가르쳐 준다. 점령군으로 들어온 미군의 통치, 이승만의 친일파
등용, 좌우익 대립, 제주도 인민위원회의 활동, 서북청년단의 입도와
이어진 만행, 제주도민들의 항거, 학살, 일본으로의 도피, 연좌제,
민주정부가 들어선 이후 시작된 4.3 명예회복, 그리고 현재까지.
비극의 제주 현대사를 공부하기에 너무 좋은 곳이다. 전시물들을 보며

가슴이 아팠다. 1980년 광주가 오버랩되었다. 광주의 희생자들과 비교할 수 없이 많은 사람들이 학살되었고 고문당했고 감옥살이를 했고 일본으로 도피했다. 역사를 알면 제주도 사람들이 상대적으로 더 폐쇄적이고 뭍사람에 대해 배타적인 이유를 조금은 납득할 수 있을 것이다. 4.3에 관해서는 누구든 꼭 한 번 공부할 필요가 있다. 4.3평화기념관 전시물들만 꼼꼼히 챙겨봐도 충분하다. 아름다운 국제 관광도시, 최고의 여행지로만 알고 있는 제주의 겉모습 뒤에 숨어 있는 너무도 슬픈 이야기들. 제주도민들의 가슴 깊이 잠재되어 있는 아픔을 알지 못하고 관광만 하며 돌아다닐 순 없다. 다랑쉬굴의 비참한 실상이 슬픔으로 가슴을 가득 채우고 목까지 올라온다.

제주 MBC 이정식 사장 부부와 약속한 조천읍의 식당 '새미언덕'으로 가는 길. 세찬 비바람에 만개한 벚꽃들이 흩날리고 있었다. 서둘러 차를 몰았는데 꽉 막힌 도로에 잘못 들어섰다. 10분을 그대로 도로에 서 있다시피 하다가 겨우 시간 맞춰 도착했다.

"아이고, 반가워라. 여기서 이렇게 만나게 되네."

입사 5년 후배로 2주 전에 제주 MBC에 부임했다. 다큐멘터리를 주로 만들었는데 MBC의 암흑기에 수원지사로, 구로동 무슨 디지털관련 부서로 옮겨다녀야 했고, 신천교육대로 불린 MBC 아카데미에서 샌드위치 만드는 교육 같은 걸 받았다. 그 시기에 나는 일산 드림센터에 마련된 미래전략실로 유배됐다. 부인은 홍보회사를 10년 정도 경영한 홍보 전문가다. 대학 선후배로 만나 결혼했다. 새미언덕의 음식은 깔끔하고 맛있었다. 식사가 끝나고 옆에 있는 카페로 자리를 옮겨 지역방송사 사장을 먼저 한 선배로서 새로 중책을 맡은 후배에게 도움이 될 만한 이야기를 주로 했다. 생강차를 마시면서 옛날을 추억하고 현재를 얘기하고 앞날을 상상하고. 시계를 보니 네시가 다 됐다. 한라산을 넘어 법환으로 돌아오는 길. 엄청난 폭우가 쏟아졌다. 헤드라이트를 켜고 헤어핀커브를 조심조심 운전했다. 반대편에 커브에서 커다란 버스가 갑자기 출현해 빠른 속도로 스쳐 지나갈 때는 겁이 덜컥 났다. 제주도, 특히 한라산 날씨, 장난 아니다.

수십 년 만의 재회

일요일. 언제 비바람이 몰아쳤냐는 듯 쾌청한 봄날이다. 김상옥 선배 내외가 제주도에 왔다.

"아이고, 반가워요. 가까운 데 살면서도 통 못 보다가 먼 제주도에서 만나네."

"그러게요. 서울서 자주 뵀어야 하는데."

형수와 아내의 대화다. 김 선배랑은 입사 후 PD와 AD로 처음 만났다. 선배 부부는 2박 3일 일정으로 딸 가족을 만나기 위해 제주도에 왔다. 딸은 손녀 둘과 함께 대정읍에 있는 국제교육도시에 산다. 선배 가족들과의 재회도 기쁜 일이지만 근 20여 년 만의 반가운 재회가 또 하나 기다리고 있었다.

"이야아, 이게 얼마 만인가."

오문수 선생과의 만남. 20년도 넘었다.

대정 해안도로

2022 | 판타블로(캔버스+아크릴) | 33.3x24.5cm

탑동횟집

"제주도 한 달 살기 하면서 표선을 지날 때마다 오 선생님이 지금도
표선에 계실까 생각했었어요. 근데 엊그제 오 교수가 아버지 뵈러
일요일에 제주 온다고 해서 '잘 됐다, 김 선배도 오신다니까 같이
만나면 되겠다'고 생각했죠."

오문수 선생은 '인간시대' 녹화 차 제주도에 왔을 때 처음 만났다.
그땐 40대 후반이었는데 나이에 비해 훨씬 젊어 보이는 모습으로
말씀이 시원시원하고 자상해서 함께 하는 동안 도움을 많이 받았고
즐거웠다. 김 선배와 오 선생이 알게 된 건 1963년이라고 했다. 오
선생은 제주에서 고등학교를 마친 후 친척 연을 타고 순천으로 가서
약품 도매상에서 일하게 됐고 그때 만난 인연이 올해로 58년째가

되는 셈이다. 오 선생의 아들 오종환(경성대 교수)은 '인간시대'를 찍을 당시에는 내 대학 후배 대학생이었다. 장래 방송 일을 하고 싶어 하더니 결국 제주 MBC PD가 됐고 나중에 인천방송으로 옮겼다가 지금은 부산에 있는 경성대학교 교수로 재직하고 있다. 이런저런 TV 토론프로그램 사회를 오래 봐서 부산에선 제법 얼굴이 알려졌다. 오래 못 만난 후배 오종환 교수와 더 오래 못 뵌 후배의 아버지 오문수 선생과의 재회는 그렇게 이뤄졌다. 김 선배가 사진 한 장을 꺼냈다. 젊은 시절 두 분이 나란히 서서 찍은 사진이다. 세월 앞에 장사 없다고 두 분 다 많이 변했다. 그래도 말투나 내용은 옛날이나 지금이나 마찬가지. 금세 웃고 떠들고 신소리를 하고. 추억하고 이어나갈 옛 인연이 있다는 건 얼마나 좋은가. 오래된 인연을 추억하느라 시간 가는 줄 모르고 밤이 깊어갔다.

한림 두모리 주택
2021 | 판타블로(캔버스+아크릴) | 41X53cm

또 다른 재미, 제주도 지질 탐방

어제 오랜만의 재회가 반가워 소주도 몇 잔 했더니 아침에 몸이
무거웠다. 오늘은 멀리 가지 말고 우리가 있는 법환에서 가까운
곳, 서귀포시 안쪽에서 찾아보기로 했다. 그래서 생각한 것이
'지질탐방'. 제주도는 유네스코 세계지질공원 국내 1호다. 화산도인
만큼 지질학적으로 가치도 있고 신기하고 아름다운 곳들이 많다.
도중에 유채꽃 촬영지로 유명한 중문의 '엉덩물계곡'도 들러볼 겸
용머리해안을 가보기로 했다. '엉덩물계곡'은 서귀포시 색달동에
있다. 가는 길에 선명한 핑크빛 꽃들이 피어 있고 새빨간 열매를 가득
매단 나무들이 줄지어 있다. 핑크는 꽃잔디 또는 지면패랭이(ground
pink 혹은 moss pink)라는 꽃이고 빨강은 '먼나무'의 열매다. 먼나무는
열매가 마가목하고 같이 생겨서 헷갈린다. 영어로는 rotunda
또는 round-leaf holly. '엉덩물계곡'이 얼마 남지 않은 곳에서
제주항공우주박물관 4층 '그림카페'에서 본 것과 같은 풍의 그림이

작가의 산책길
2021 ㅣ 판타블로(캔버스+아크릴) ㅣ
24.2X33.4cm

그려진 건물을 발견했다. 벽에 '그림포레스트 GRIM FOREST'라고
써있다. '엉덩물계곡' 유채꽃부터 구경하고 돌아와 들러보기로
했다. '엉덩물계곡'은 짐승들이 물을 먹으러 왔다가 계곡이 험해
차마 내려가지 못하고 엉덩이를 돌려 볼일만 보고 돌아간다고 해서
엉덩물이라는 이름이 붙었다. 짐승들 측간이었다는 뜻이다. 계곡 맨
위쪽에 자그마한 연못이 있는데 '미라지美羅池'다. 한국관광공사에서
공모를 해 선정한 이름이다. 아름다움이 비단처럼 펼쳐진 연못이라는
뜻이다. 코끝에서 유채의 매운 내가 났다.

'그림포레스트'라고 쓰인 건물 건너편에 'Play K-POP'이라고 쓰인 검은 건물. 입구에 한류 아이돌들의 사진이 붙어 있고 문은 잠겨 있다. 건너편 KFC도 잠겨 있었다. KFC의 마스코트 '샌더스 대령'이 제주 해녀 차림을 하고 서 있다. 손님 끌려고 부끄러움을 무릅쓰고 이렇게까지 하고 있는데 손님이 없다. 휑한 거리에도 관광객은 보이지 않는다. '그림포레스트' 건물 왼쪽으로 돌아가니 알림글이 붙어 있다. "2020년 8월을 끝으로 '믿거나 말거나 박물관'이 문을 닫게 되었다"는 내용이다. 세계 서른두 번째로 들어선 리플리 박물관이라는데 애초 기대대로 안 된 모양이다. 문을 연 게 2010년이니 10년 만에 문을 닫은 셈이다. 코로나로 관광객이 급감한 제주도에서 많은 비즈니스가 망하고 있다. 사설 박물관도 지난해에만 49곳 중 6곳이 문을 닫았다. 외국에서 가져온 전시품 사용권료도 못 내거나 90일 이상 영업을 안 해 도에서 직권으로 등록을 취소하는 경우도 있다. 관광객을 상대로 장사를 하던 많은 가게들이 힘든 시간을 보내고 있다. 다음 목적지는 '용머리해안'과 '대포주상절리대'다. 현재 위치에서 '주상절리대'가 훨씬 가깝지만 집을 기준으로 보면 더 먼 '용머리해안'을 먼저 구경하고 귀가 길에 지나게 될 '대포주상절리'는 나중에 보기로 했다. 차로 20여 분을 달려 도착한 '용머리해안'. 그런데 예상치 못한 상황이 있었다.

2시 50분까지 통행금지. 2시 30분에 표를 팔기 시작한다는 것이다. 강풍이 불어 파도가 심하게 치거나 만조가 되어 해안길이 바닷물에 잠길 때는 통행을 금지한단다. 통행금지가 풀릴 때까지 세 시간

중문관광단지

가까이 남았다. 발길을 돌려 '하멜기념비'와 '산방연대'가 있는 올레길
10코스로 간다. 오르막 경사길 길가에 표지판과 리본이 보인다.
하멜의 표착 스토리, 하멜기념비를 세우게 된 내력이 간략하게 적혀
있다. 해안 입구에 나무로 만든 거대한 배가 사람들을 압도한다.
하멜이 타고 표류하다 뒤집혀 대정 앞바다에서 제주도 사람들에
의해 발견되었다는 '스페르베르호'다. 1653년 하멜 일행은 각종
교역물품을 싣고 일본의 낭가삭기郞可朔其(나가사키)로 가던 중이었다.
한양으로 압송돼 처음에는 극진한 대접을 받았으나 탈출 소동을
벌여 주동자 둘이 처형당하고 강진, 순천, 여수 등으로 유배되었다.
여수로 유배된 하멜 일행은 무려 13년간 억류생활을 하다 겨우
탈출해서 일본으로 갔다가 네덜란드로 돌아갔다. 회사로부터 밀린

임금을 받기 위해 증거로 쓴 책이 당시 유럽에서 베스트셀러가 된
'하멜표류기'다. 시선을 좌로 돌리니 종 모양으로 솟은 산방산과 그
앞에 펼쳐진 노란 유채꽃밭이 환상적인 그림을 연출하고 있다. 말을
타고 유채꽃밭 주위를 도는 사람들, 1,000원을 내고 밭에 들어가
사진을 찍는 사람들…. 그 위에 '산방연대'가 있다. 산처럼 높은 데
설치됐던 것은 '봉화대'고 바닷가에 세워진 것은 '연대烟台'라 부른다.
'산방연대'에서는 산방산이 손에 잡힐 듯하고 수평선을 좌우에 끼고
아름다운 제주도의 바닷가 풍경이 눈을 시원하게 해준다. 바람이
세다. 이럴 줄 알고 풀대로 만든 카우보이 모자(stetson hat) 대신 캡을
썼는데 하마터면 날아갈 뻔했다. 올라갔던 길을 되짚어 '산방연대'에서

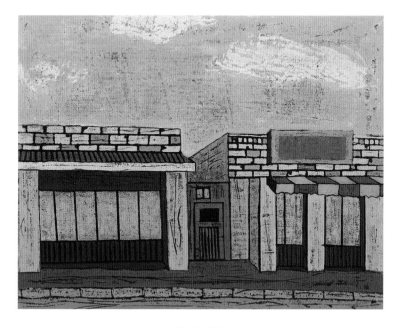

작가의 산책길
2021 | 판타블로(캔버스+아크릴) | 53.0X45.5cm

내려온다. 노오란 유채꽃밭과 산방산이 빚어내는 아름다운 그림.
도처에 스마트폰을 들고 사진 찍는 사람들이 많다.

점심 먹으러 가는 길에 '주상절리대'에 들른다. 중문·대포해안을
따라 3~40m의 시커먼 육각형 기둥들이 1km 이상 늘어서 있는
광경이 장관이다. 발밑 멀리에는 거대한 바위가 거북이 등처럼
수많은 육각형들로 갈라져 있다. 화산암이 급격하게 식으면서
응축되어 생기는 모양이 오육각형이라는데 볼 때마다 신기하다.
'주상절리柱狀節理'. 기둥 모양으로 갈라진 결. 그런데, 주상절리는
바닷가에만 있는 게 아니다. 산꼭대기에도 있다. 유네스코가 승인한
세계지질공원 중 하나인 무등산권 지질공원. 그 핵심인 무등산의 정상
바로 아래 '서석대'가 그것이다. 1,100m 높이의 거대한 주상절리가
서쪽을 향해 부동자세로 기립해 있다. 서쪽으로 해가 질 때면
석양빛을 받아 수정처럼 빛난다. '서석대의 수정병풍'이라 찬탄하는
까닭이다. 세계적으로 서석대처럼 산꼭대기에 있는 주상절리는
많지 않다. 세찬 바람에 밀려온 파도가 주상절리 절벽에 부딪혀
부서지며 하얀 거품을 일으키고 있다. 주상절리 감상 데크에서 몸을
돌려 나오려는데 황사로 인해 사방이 부예진 탓에 하얗고 거대한
호텔이 순간 크루즈선처럼 보인다. 올해 들어 최악의 황사다. 한 시
반이 넘어 배가 고픈데 아무 데서나 점심을 들고 싶은 기분은 들지
않아 '뉴스타파' 이은용 기자가 "주인장 마음만 달라지지 않았다면
드실 만할 곳"이라고 알려준 한식당 '안거리 밖거리'로 향한다.
서귀포시 서귀동까지 30분 가까이 달렸다. 가게 앞에 정식 9,000원

중문 주택가 골목
2021 | 판타블로(캔버스+아크릴)
| 19.1x24.3cm

옥돔구이/흑돼지 돔베구이/계란찜/된장찌개와 밑반찬이라고 써 있는
플래카드가 낮게 걸려 있다. 두 시가 넘었는데도 손님들이 끊임없이
들어온다. '한 번 드실 만한 식당'이긴 하지만 '자주 와야지'라는 생각은
들지 않았다. 배도 부르겠다, 조금만 걸어가면 있는 '이중섭미술관'과
'이중섭거리'를 구경하자. 오늘 오후는 느릿느릿 걷고 쉬면서 보내자.
용머리해안은 나중에 가게 되면 가고 못 가면 말고.

이중섭. 마흔 살에 거식증으로 인한 영양실조로 생을 마감한 비운의
화가. 박수근과 함께 한국 현대미술의 양대 거장으로 일컬어지는
화가. 굵직한 선으로 '흰 소', '황소', '싸우는 소', '소와 어린이' 등 소를

많이 그린 화가. 어릴 적 이중섭의 소를 보면 무섭기도 하고 슬프기도
하고 힘이 솟기도 했다. 이중섭의 소가 절망, 슬픔, 분노와 동시에 희망,
불굴의 의지를 표현하고 있다고 평론하는 까닭이다. 일제 치하, 해방된
조국의 혼란, 전쟁, 가난, 피난, 제주에서의 행복했던 생활, 현해탄을
사이에 둔 가족과의 이별. 화가는 그림으로 삶과 시대를 말했다.
이중섭은 아내와 두 아들과 함께 서귀포시 정방동 언덕, 섶섬이 보이는
작은 초가에서 1년 가까이 살았다. 불우했던 이중섭의 생애에서 가장
행복했던 시간이었다. '정방동 이중섭 거리'. 정방폭포가 가까이 있고
올레길 7코스가 지나는 길이다. 길은 깨끗하게 잘 정돈되어 있고
다른 데서 볼 수 없는 문화 예술의 분위기가 풍겼다. 카페, 플라워숍,
기념품 가게, 음식점, 문화 기관, 오래된 극장, 여기저기 이중섭의
그림을 모사한 벽화들, 소의 오브제…. 느릿느릿 윈도우쇼핑을 하고,
가끔 가게 안으로 들어가 주인한테 궁금한 점을 묻고. 이중섭거리는
서울 인사동과는 판이하게 다른 곳이지만 인사동에서 느껴지는
분위기와 인사동에서처럼 행동하게 되는 그런 곳이다. 이중섭거리
맨 위쪽 끝에 '문화예술의 마을 정방동'이란 입간판이 서 있다.
정방동의 유래, 이중섭미술관, 서예가 소암 현중화기념관 등에 관한
설명이 쓰여 있다. 그 아래 길게 세워진 벽에 시가 적힌 패널들이 걸려
있다. 공모전에 입상한 시들이다. '제주시 미안'이란 시가 재미있다.
"제주시가 제일 예쁜 줄 알았는데 이제 보니 서귀포가 더 예뻐서
미안"하단다. 건물 벽에 마른 담쟁이 넝쿨이 뒤얽힌 오래된 건물이
눈길을 끈다. '서귀포극장'. 서귀포에 들어선 최초의 극장이다. 지금은
각종 문화행사들이나 공연을 하는 곳이다. 서귀포극장 골목길을

작가의 산책길
2021 ｜ 판타블로(캔버스+아크릴) ｜ 24.3X19.1cm

안으로 들어가면 '이중섭미술관'이 있다. '드디어 왔네' 하며 정문으로
들어가려는데 어라? 문이 잠겨 있다. 매주 월요일은 휴관, 관람을
원하시는 분은 인터넷으로 사전예약 하라고. 또 허탕이다.

미술관 아래 쪽에 이중섭이 살았던 초가집이 있고 일대는
'이중섭공원'으로 조성돼 있다. 작은 초가 한 칸. 정방동 주민이 이중섭
일가를 위해 내준 집이다. 생각보다 작다. 열려 있는 방 안. 무척 좁다.
화가의 사진과 '소의 말'이라는 글이 정면과 측면 벽에 걸려 있다. 창남
현수언이라는 분이 이중섭의 글을 붓으로 쓴 것이다.
"높고 뚜렷하고 참된 숨결 이제 여기에 고웁게 나려 두북두북 쌓이고

작가의 산책길

2021 | 판타블로(캔버스+아크릴) | 33.4X24.2cm

철철 넘치소서. 삶은 외롭고 서글프고 그리운 것. 아름답도다. 여기에
맑게 두 눈 열고 가슴 환히 헤치다."
소의 말이지만 이중섭 자신의 말이다. '소가 이중섭이고, 가족이고,
우리 민족이었다'라는 생각이 들었다. 초가 아래 쪽은 밭과
공원이다. 벤치에 앉아 있는 이중섭과 같이 사진을 찍었다. 병과
가난으로 마흔 살에 삶을 마감해야 했던 천재 화가. 매주 주말 오후
1시. 해설사와 함께 하는 작가의 산책길 탐방이 이중섭공원에서
진행된다. 이중섭거리에서 다양한 가게들 구경하는 재미도 쏠쏠하다.
특히 눈길을 끈 가게는 세계 최초의 해녀 캐릭터샵. 간판 바탕색
모두 핑크다. 꼬마 해녀 숨비. 귀엽다. 숨비아일랜드 대표 천혜경
씨가 디자인하고 각종 캐릭터상품으로 개발했다. 대부분이 70대
이상이어서 언제 명맥이 끊어질지 모르는 제주의 해녀 문화를 지키고
알리는 데 한 역할을 하고 있는데 정부와 자치단체에서도 도움을 주고
있다. 상품의 종류도 무척 다양하다. '모든 게 콘텐츠'라는 마인드가
있어야 한다. 이중섭거리 입구의 카페에 앉아 차가운 라떼를 주문했다.
황사로 칼칼해진 목이 시원해졌다. 창밖에 봄 햇살이 폭포처럼 쏟아져
내리고 있었다.

작가의 산책길
2021 | 판타블로(캔버스+아크릴) | 24.2X33.4cm

고향처럼 느껴지는 제주 MBC 방문

아침. 황사가 여전하다. 오전에 제주 MBC를 방문해 이정식 사장,
김지은 PD를 만났다. 서울에서 일하다 내려온 김영나 작가랑은
밖에서 잠깐 인사만 나눴다. 김 작가는 시사교양국에서 일하다가
제주로 내려온 지 5년 됐단다. 김지은 PD는 17년 됐는데 제주가 너무
좋단다. 제주 사람 다 됐다. 지역공영방송사가 뭘 해야 할지 먼저
경험한 사람으로 두서없이 얘기했다.
"지역에 사는 사람들은 너무 익숙해서 자기 지역에 매력적인 자원이
넘친다는 걸 오히려 인식하지 못할 수 있다. 기획은 외지인의
시선으로 봐야 한다. 한정된 인력과 자원을 전제하고, 할 수 있는 것과
없는 것을 구분하는 선택과 집중이 중요하다. 구성원들의 성과가
곧 보직자의 성과고, 보직자의 성과가 곧 사장의 성과다. 일하는
사람을 발탁하고 지원해야 한다." 등등. 나보다 더 잘 알고 있을 후배
앞에서 말이 많았지만 내색하지 않고 공감해줘 고마웠다. 제주 MBC

사옥에는 신화를 모티브로 한 부조가 새겨져 있다. 탐라국을 건국한 세 신인이 떠내려온 궤에서 나온 벽랑국 세 공주에게 선물을 바치고 혼인을 청하는 장면이다. 세 신인은 제주의 세 성씨인 고, 양, 부씨의 조상이다. 제주도의 관광지 혼인지婚姻地가 이들이 결혼했다는 곳이다. 사옥 현관 위에는 〈2021 제주 MBC 연중 캠페인 '위기를 기회로, 힘내라 제주'〉라고 적힌 구호가 걸려 있다. 그렇다. 언제나 기회와 위기는 동전의 양면이다. 함께 주먹을 쥐고 화이팅을 외쳤다.

안개 속 섶섬

2021 | 판타블로(캔버스+아크릴) | 25.8X17.9cm

다시 이중섭을 만나다

이중섭미술관에 다시 가기로 한다. 사전예약제였음을 기억하고
스마트폰으로 체크한다. 다행히 당일 예약 여유분이 많이 남아 있다.
11시 반 관람 신청. 하라는 대로 따라 하니 간단히 오케이다. 법환에서
이중섭미술관까진 10여 분 거리라서 도착하니 오픈까진 한 시간이나
남았다.

이중섭거리 반대편 바닷가 쪽으로 향하는 도로를 따라 걷는다. 너른
공터와 성벽으로 생각되는 돌축대가 눈길을 끈다. '서귀진지'다.
100명 가까운 병졸들이 근무하며 왜적의 침략에 대비했던 곳이다.
서귀진지를 둘러보고 발길을 돌려 이중섭거리로 향한다. 입구
오른 쪽에 서귀포문화원이 있고 건물에 걸려 있는 천에 적힌 글은
"이중섭미술관 창작스튜디오 11기 릴레이 개인전. 극혐주의·축수.
서북의 아들이 제주를 보다. 윤정환 3회 개인전."이다. 극혐주의?

서북의 아들? 호기심이 꿈틀거린다. 작가노트를 읽는다. 어릴 적 작가는 전라도와 제주도 사람은 피하라는 얘기를 들으며 자랐다. 제주의 역사와 4.3에 대해 알게 된 작가는 할아버지가 제주민들에게 살인마나 다름없었던 서북청년단으로 악명 높은 서북 출신임을 알게 된다. 서북 출신이라고 다 서북청년단은 아니지만 어느 누구든 지역, 국가, 이데올로기로 묶이고 차별과 혐오의 대상이 되면 국가폭력으로부터 자유로울 수 없다는 사실을 깨닫는다. 일본 극우단체의 혐한 시위를 보고 작가 자신 1억3천만 일본인의 60% 이상이 혐오하는 한국인임을 자각한다. 혐오와 차별에 대한 고발. 어떤 작품은 비단, 어떤 작품은 종이 위에 그렸다.

작가의 산책길
2021 | 판타블로(캔버스+아크릴) | 33.4X24.2cm

창작스튜디오 501

2022 | 판타블로(캔버스+아크릴) | 24X33cm

다시 이중섭미술관. "사전예약하고 왔습니다." 의기양양하게
말했다. 그런데 아이를 데리고 온 젊은 부부가 "사전예약 안 했는데
못 들어가나요?" 하니까 "현장 신청하시면 됩니다. 여기에 신상
적으세요." 한다. 엥? 사전예약 안 해도 된다고? 그랬다. 제한 인원수에
미달될 경우에는 현장에서 신청해도 된다. 그러나 미달될지 아닐지
알 수 없으니 사전예약을 안 하고 가는 건 답이 아니다. 아침부터
예약한다고 부산 떤 걸 생각하면 약간 손해 본 느낌이 들지만 이런 걸
머피의 법칙이라고 하든가.

미술관에 다녀온 사람들 리뷰에서 본대로 전시된 그림들은 많지
않다. 대작들은 없고 기증 받은 소품들과 엽서화, 아내에게 보낸

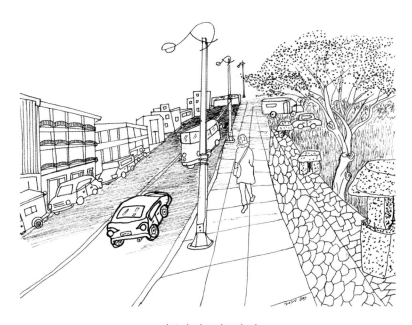

이중섭 자구리공원 길

편지에 그린 그림들이다. 20년에 걸쳐 그린 그림 중 남아 있는 것은 1951년부터 화가가 세상을 떠난 1956년까지 그린 것들뿐이다. 그 전에 그린 그림들은 고향인 원산에서 피난 올 때 모두 어머니한테 맡겼다. 이중섭의 그림 속에 담긴 서귀포 풍경과 서귀포에서의 가족 생활은 70년 가까운 세월이 흐른 지금 서귀포를 여행하는 이에게 특별한 감정을 불러 일으킨다. 무엇보다 이중섭과 아내 이남덕(일본명 야마모토 마사코)의 슬프고 안타까운 러브스토리가 가슴을 울린다. 이중섭이 이남덕이라는 조선 이름을 지어준 야마모토 마사코라는 여인. 도대체 어떤 사람이길래 식민지 조선의 애인을 찾아 태평양전쟁 말기에 혼자 몸으로 원산까지 갔으며, 전쟁 막바지에 먼 이국땅에서 홀로 족두리를 쓰고 조선식으로 결혼식을 올릴 수 있단 말인가. 친정 아버지가 세상을 떠난 후 두 아들을 데리고 일본으로 돌아간 아내. 화가가 아내에게 보낸 그림 엽서들, 그림이 그려진 편지들, 둘 사이에 오간 글들을 직접 보고 읽는 감동. 일본에서 그림전에 출품해 상을 탄 후 받은 팔레트를 이중섭은 마사코에게 선물했다. 사랑의 증표였던 그 팔레트가 눈앞에 있었다. 마사코 여사가 기증한 것이다. 올해 100살인 마사코 여사는 현재 도쿄에서 살고 있단다. 한 번 실패하고 다시 찾은 이중섭미술관의 가치는 그것만으로도 충분했다. 1년에 불과한 짧은 기간이지만 생애 가장 행복한 시간을 이중섭은 가족과 함께 이곳 서귀포에서 보냈다. 서귀포는 이중섭의 덕을 톡톡히 보고 있다. 예술의 힘이다. 예술가를 후히 대접해야 하는 이유다. 2층에서는 '이중섭 친구들의 화원'이라는 전시가 열리고 있다. 이중섭과 동시대에 활동했거나 인연이 있는 화가들의 작품이다. 3층은 옥상

눈속의 이중섭 미술관

2022 | 판타블로(캔버스+아크릴) | 24X33cm

이중섭시각의 섶섬

2021 | 판타블로(캔버스+아크릴) | 91.0x60.6cm

전망대다. 멀리 왼쪽으로 섶섬이 보이고 오른쪽으로 문섬이 보인다. 이중섭이 매일 봤을 풍경을 오늘 나도 보고 있다. 우주의 눈으로 보면 찰나보다도 짧은 시간을 사이에 두고 불운했던 천재 화가와 한 가지라도 예술적 재능이 있었으면 얼마나 좋을까 하고 부러워하는 중년의 내가 연결되고 있다는 느낌이 든다. 일순 기분이 묘했다. 아트숍에서 황소와 흰소가 그려진 작은 기념품 두 개를 샀다.

'유동커피'. 이중섭 거리 입구에서 가까운 곳에 있는데 그다지 넓지 않다. 유니폼을 입은 바리스타들이 주방에서 바삐 움직인다. 카푸치노와 블랙커피를 주문한다. 좌석 옆에 오래된 잡지들이 놓여 있다. 오너 바리스타 '조유동 대표'에 관한 기사들이다. 이력을 보며 대학교에 커피학과가 있는 줄 첨 알았다. 커피업계에서는 상당히 유명한 '스타 바리스타'다. 천정과 벽에 수많은 상장들이 달려 있다. 말을 타고 알프스를 넘는 나폴레옹을 그린 유명한 그림에 조 대표의 얼굴이 그려져 있다. 나온 커피잔에도 캐리커처와 '유동커피 한 잔

유동커피 옆집
2021 | 판타블로(캔버스+아크릴) |
17.9x25.8cm

작가의 산책길
2021 | 판타블로(캔버스+아크릴) | 53.0X45.5cm

하실라우?'라는 글이 인쇄돼 있다. 테이크아웃 종이컵의 뜨거움 차단
종이에도 있다. 프로모션 아이디어가 상당하다. SNS 시대에 잘 맞는
사람이다. 다 마신 잔 밑에 글씨가 쓰여 있었다. 가까이 들여본다.
'음료는 입에 맞으셨나요?' 기발하다. 유동커피는 전국에 지점이 있다.
전주, 울산, 포항, 부산 등등이다. 강릉에서 시작해 전국으로 진출한
'테라로사'처럼 또 다른 전국 체인으로 발전하고 있는 중인 듯하다.
가게 밖에 세워져 있는 입간판이 시선을 끌었다. 비어리카노는
GS25에서만 만날 수 있습니다. GS25와 유동커피의 콜라보
프로젝트인 듯하다. 비어리카노 × 제주 유동커피. 스페셜 원두와

로스팅된 몰트를 블렌딩하여 아메리카노 특유의 산미와 흑맥주의
스모키향을 느낄 수 있는 시그니처 스타우트 맥주라는 설명이다. 어떤
맛일까 상상한다.

작가의 산책길
2021 | 판타블로(캔버스+아크릴) | 24.2X33.4cm

제주도에서 가장 많이 먹은 탕

서귀포휴양림. 주차장에 차들이 몇 대 없다. 매표소에서 티켓을 사고
입장. 건강산책로와 생태관찰로 그리고 숲길산책로가 있다. 앞의 둘은
짧고 숲길산책로는 제법 길다. 운동하러 왔으니 당근 숲길산책로지.
야자수매트가 깔린 좁은 오솔길을 따라 내려간다. 숲길산책로는
차도를 따라가다 차도를 건너기도 하면서 이어진다. 반환점이다.
다시 올라가기 시작한다. 참꽃 산딸 작살… 나무들에 특이한 이름의
명패가 붙어 있다. 쉼터라는 곳에 이르니 제법 너른 공간에 평상이
여러 개 놓여 있다. 평상 마루는 삭았고 지저분하다. 계곡에 다다랐을
때 순간 깜짝 놀랐다. 점점이 뿌려진 빨간 피인가 하고 봤더니 떨어진
동백꽃들이다. 빨간 꽃 한 가운데 자리한 샛노란 꽃술. 동백꽃에는
다른 꽃에서 느낄 수 없는 강렬한 끌림이 있다. 터질 듯한 환희와
슬픔이 공존한다. 제주도 곳곳, 한라산 곳곳에 많이 자라는 동백나무.
붉게 핀 동백꽃은 시들지도 않은 채 어느 순간 똑 떨어진다. 땅에

창천리 한창로 34
2021 | 판타블로(캔버스+아크릴)
| 33.3x49.9cm

떨어진 후에도 동백꽃은 한참을 피어 있다. 동백꽃은 그래서 세 번
핀다. 나무 위에서 피고, 땅 위에서 피고, 가슴 속에서 또 핀다. 내일
모레는 4.3 73주년. 왜 제주도가 국가 폭력에 희생된 무고한 목숨들을
동백꽃으로 상징하는지 알겠다. 오르락내리락, 마른 계곡을 건너고,
한참을 걸었더니 숨이 찬다. 처음 제주도를 걸었을 때보다 걷는 게
늘긴 했지만 그래도 산길은 힘들다. 2km 정도 걸었을까. 팻말에
'오른 쪽은 법정사 혹은 한라산 둘레길로 가는 길'이라는 표시가 있다.
'법정사 항일독립운동발상지 323m'. 300여m라면 갔다 와도 크게
무리일 것 같지 않다. 아래로 내려가 물이 고인 계곡을 조심조심 건넌
뒤 나무데크가 깔린 오르막길을 한참을 오른다. 포장도로가 나오고,
군데군데 나뭇가지에 '절로 가는 길'이라 쓰인 천조각이 매달려 있다.

한참을 내려가니 기와집 몇 채가 보였다. 저게 '법정사'구나. 어라, 그런데 절이라면 응당 있어야 할 것들이 보이지 않는다. 이상하네. 제일 큰 기와집에 관리사무소라는 현판이 달려 있다. 안에서 남자가 나온다.

"여기 법정사 아닌가요?"

"법정사는 옛날에 불에 타 없어지고 지금은 터만 남아 있어요."

법정사는 없었다. 일제가 불태워버린 후 복원되지 못한 채였다. 그러면 그렇게 갈랫길 이정표에 써놔야지.

1918년 10월 6일. 법정사 주지 김연일과 승려들이 주민들을 규합해 국권회복과 독립을 위해 떨쳐 일어났다. 상당 기간 은밀히 준비한

대포항 가는 길
2021 | 판타블로(캔버스+아크릴) | 33.3x24.2cm

창천리 숲길
2021 | 판타블로(캔버스+아크릴) | 19.1x24.3cm

끝이었다. 일본인 경찰 세 명을 포박하고 구금자 열세 명을 석방했으며 중문리 파출소를 불태웠다. 결국 일제 경찰에 체포되어 66명 중 46명이 10년의 징역형과 벌금형을 선고받았다. 두 명은 옥중에서 목숨을 잃었다. 숲길산책로로 돌아가는 길 입구에서 멀지 않은 곳에 위패봉안소가 있다. '무오법정사 항일운동' 내역과 형사사건 송치자 66인의 이름이 새겨진 비가 있다. 이 높은 곳에 절이 있었다는 것도 놀라웠지만, 여기서 주지를 중심으로 승려들이 거사를 준비하고 산밑으로 내려가 마을사람들을 규합해 독립운동을 일으켰다는 사실도 놀랍다. 그것도 무장투쟁이었다. 일제가 불태워 버린 사찰이 복원되지 못한 채 터만 남아 있다는 사실이 안타깝다. 힘들게 여기까지 오는 사람들을 위해서라도 원래 모습 그대로의 법정사가 있으면 좋을 텐데.

서귀포휴양림을 나와 연속되는 헤어핀커브를 조심조심 운전한다. 얼마 내려오지 않은 곳에 서귀포 대정 쪽을 내려다보는 전망대가 있다. 차를 멈추고 비바람 속에서 잠깐 바다 쪽을 전망한다. 좌측으로 범섬이 보일 듯 말듯 흐릿하다. 다시 엉금엉금 기어 내려오는데 앞 유리창을 때리는 빗방울의 기세가 사납다. 목표는 '박수기정'이다. 누가 꼭 가보라고 추천해준 곳이다. 박수기정이 보이는 대평포구에 도착했다. 빗줄기가 거세진다. 박수기정 구경을 할 상황이 아니다. 어디 요기할 데 없을까. 두리번거리는데 하얀 성채가 눈길을 사로잡는다. 알파벳 큰 글자로 '피제리아(PIZZERIA) 3657'이라고 쓰여 있다. 화덕에 정통 이탈리안 피자를 굽는 집이다. 갓길에 차를 세우고 걸어간다. 오른쪽 해안가 담장이 어디서 본 듯한 느낌이다. 그랬다.

바르셀로나 가우디공원에 갔을 때 봤다. 가우디를 숭상하는 이가 대평포구에도 있는 모양이다. 왼쪽 담장에는 벽화가 그려져 있다. 담장에 움푹 네모나게 패인 구멍들이 많다. 그 안에도 그림이다. 주로 제주 해녀들이다. 정문으로 들어간다. 안쪽에도 하얗고 긴 건물이 있다. 게스트하우스 같다. '피제리아 3657' 건물 벽에 장작이 한가득 쌓여 있다. 문으로 다가간다. 어라, 얼굴이 통통한 작은 셰프 인형이 두 손에 영어로 '솔드 아웃(SOLD OUT)', 그 아래 한글로, '내일 봬요'라고 쓴 판을 들고 있다. 헐! 또 허탕이다. 지금 오후 두 시 밖에 안 됐는데 피자가 다 팔렸다고? 남의 허탈감은 알 바 아니라는 듯 벽에 붙은 작은 종이에 적혀 있는 글. "피자만 팔아요."

좁은 골목길을 곡예하듯 차를 몰아 차도로 나온다. 길가에 승용차가 여러 대 주차돼 있다. '해조네'라는 간판이 보인다. 성게비빔밥 보말국수 같은 음식을 하는 집이다. 비는 계속 내린다. 문을 열고 들어가자 손님이 가득이다.
"밖에서 기다려주세요. 세시 반쯤 들어오세요."
시간을 보니 세 시다. 빗속에 또 차를 몰고 헤매느니 식당 밖에 놓은 의자에 앉아 기다리지 뭐. 테이블과 의자가 놓인 바깥 대기실에는 난로가 놓여 있고 장작이 타고 있다. 잠시 앞에 서서 비에 젖은 옷을 말린다. 의자에 앉자마자 스르르 잠이 든다.
"들어오세요."
부르는 소리에 깬다. 성게비빔밥을 주문한다. 보말죽을 시키는 사람이 더 많은 것 같다. 테이블 옆 벽위 선반에 잡지가 놓여 있다.

작가의 산책길

2021 ｜ 판타블로(캔버스+아크릴) ｜ 45.5X53.0cm

'대평리 이야기'라는 책과 영어로 된 싱글즈 트래블(Singles Travel).
'대평리 이야기'는 대평리를 주제로 만든 책이다. 대평리의 지질,
역사, 인물까지 내용이 알차다. 잡지의 질도 예사롭지 않다. 돈과
공이 많이 들어간 책이다. 대평리가 다시 보인다. 싱글스 트래블 앞쪽
몇 장은 대평리에 관한 내용이다. 카페, 게스트하우스, 음식점 등에
관한 정보가 사진과 함께 간략하게 소개돼 있다. 음식점 해조네도
다루고 있다. 큼지막한 보말죽 사진이 실려 있다. 이 집 대표 메뉴인가
보네. 우리도 보말죽 시킬걸 그랬나. 언제나 남의 떡이 커보이는
법이다. 그래도 신선한 성게알의 풍미는 느껴졌다. 다음에 오면
보말죽을 시켜야지. 성게알은 사실 알이 아니라 성게의 생식소다.
예로부터 여인들의 산후조리 음식이었고 남자들의 술병을 고치는 데
썼다. 국내 생산량이 적고 비싸 러시아와 미국에서 들여온다. 칠레,
캐나다산도 있다. 일본의 초밥집에서는 홋카이도산 성게를 제일로
친다. 성게는 크게 두 종류가 있는데 하나는 보라 성게, 다른 하나는
말똥 성게다. 우리가 흔히 먹는 건 보라 성게다. 말똥 성게는 워낙
비싸 고급 스시집에서 쓴다. 성게알을 일본말로 '우니'라고 하는데
김밥 위에 성게알을 얹은 것을 성게알군함말이海膽軍艦卷き라고 한다.
우니를 의미하는 두 가지 한자어가 있다. 운단雲丹과 해담海膽. 엄밀히
따지자면 성게알은 해담이고, 성게알젓은 운단이다. 싱싱한 성게알은
고소하고 입안에서 살살 녹는다. 부자 아니면 양껏 먹을래야 먹을 수
없는 귀한 음식이다.

또 한 번의 예상치 못한 만남이 생겼다. 벨이 울리고 화면에 뜨는

이름. '이민' 화가다. 엊그제
서귀포문화원 갤러리에서 만난
윤정환 화가는 11기로 서귀포
레지던시 생활을 끝냈고, 이민
화가는 12기로 현재 서귀포
레시던시 생활 중이다. 광주 출신인
이민 화가는 작년 6월 광주 MBC에
'M씨의 오월 기억'이라는 작품을
기증했다. 1980년 중앙초등학교
시절, 멀리서 봤던 불타는 광주
MBC를 기억하여 그린 것이다.
광주 MBC 현관에 걸려 있다. 올해
예순이지만 나이보다 젊어 보인다.
조선대학교에서 미술을 공부하고
일본에 유학해 다마미술대학원을
졸업했다. 판화를 전공했는데
서양화와 접목시켜 판타블로(PAN
TABLEAU)라는 자신만의 독특한
기법을 창안했다. 판화 같기도 하고
유화 같기도 한 작품들은 일본에서
큰 인기를 끌었다. 안양에 살면서
인덕원 풍경을 그렸고 몇 년간
광주를 오가며 양림동을 소재로 한

슬픈 노을
2021 │ 판타블로(캔버스+아크릴) │
130X30cm

귀향70

2021 | 판타블로(캔버스+아크릴) | 24.3X19.1cm

작품 99점을 그렸다. 그의 그림들을 보고 있으면 뭔지 모를 그리움이
가슴 밑바닥에서 치밀어 오른다. 바랜 듯 부드러운 색, 때로는 불타는
듯 강렬한 빨강과 선명한 원색, 가는 빗줄기 같은 선, 삼각형 사각형
동그라미. 쇠락한 구시가지의 칠한 지 오래되어 바래고 벗겨진 벽들을
가진 허름한 옛 건물들처럼 향수를 불러일으킨다.

나, 이민 화가, 윤정환 화가 셋이서 이중섭거리 가까운 설렁탕 집에서
저녁을 먹고 유동커피로 자리를 옮겨 문화 예술, 지역 지자체의
문화예술에 대한 시각, 작가 후원 사업, 제주도라는 섬, 가볼 만한 곳
등, 다양한 주제로 담소했다. 이민 화가는 서귀포 풍경을 그린 작품
99점을 목표로 작업에 매진하고 있는데 1년 안에 못 끝낼 것 같아

레지던스 혜택을 못 받더라도 자비로 1년 더 서귀포에 체재하고 싶단다. 4월 8일부터 4일간 열리는 부산 아트페어에 참가하기 위해 내일 부산으로 떠난다고 했다. 13일에 돌아오면 다시 만나자고 약속했다. 윤정환 화가와는 또 다른 인연이 있었다. 대학 같은 과 후배인 조종옥 전 KBS 기자가 윤 작가의 매형이란다. 2007년 6월 가족들과 캄보디아 여행을 갔다가 비행기 사고로 유명을 달리했다. 부모와 형제를 잃고 홀로 남은 외조카는 윤 작가가 보살피고 있단다. 귀갓길. 비바람 속을 달린다. 빗물에 내린 도로는 경계선이 보이지 않았고 미끄러웠다. 조심조심 운전했다. 한 치 앞을 내다보기 어려운 것이 밤 빗길만은 아닐 것이다.

아름다운 서귀포, 그래서 더 슬픈 4.3

아침. 하늘은 흐리지만 범섬은 또렷하다. 일기예보에 의하면
강수 확률 60퍼센트다. 황사는 없다. 바람이 세게 불고 있다.
사전투표일이다. 우린 어디서 투표하지? 동네 주민센터로 들어갔던
아내가 황당한 얼굴로 나온다.
"제주도는 사전투표소 없다는데?"
아, 그렇구나. 제주도엔 보궐선거가 없으니 사전투표소도 없지. 또
허탕이다.
오늘은 날도 흐리니 멀리 가지 말고 이중섭거리에서 시작하는 '작가의
산책길'을 걷자. '칠십리시공원'을 지나 다리를 건너 새섬으로 들어가
새섬을 한 바퀴 돌고 나와 점심을 먹고, 허니문하우스까지 걸어가
커피를 한 잔하고 다시 이중섭거리로 돌아왔다.

칠십리시공원. 제주도를 노래한 시를 새긴 시비들이 도처에 서 있다.

이중섭로 33

2021 | 판타블로(캔버스+아크릴) | 17.9x25.8cm

작가의 산책길
2021 | 판타블로(캔버스+아크릴) | 33.4X24.2cm

작가의 산책길
2021 | 판타블로(캔버스+아크릴) | 33.4X24.2cm

음각된 시들을 읽는 맛이 좋다. '이중섭'이라는 제목을 단 김춘수의 시.

> 아내는 두 번이나
> 마굿간에서 아이를 낳고
> 지금 아내의 모발은
> 구름 위에 있다
> 봄은 가고
> 바람은 평양에서도
> 동경에서도
> 불어오지 않는다
> 바람은 울면서 지금
> 서귀포의 남쪽을 불고 있다
> 서귀포의 남쪽
> 아내가 두고 간 바다
> 게 한 마리 눈물 흘리며
> 마굿간에서 난 두 아이를 달래고 있다.

이중섭의 흔적이 남아 있는 정방동 서귀동 일대에 서귀포시가 조성한
'작가의 산책길'은 때로 올레길과 겹치는데 천천히 구경삼아, 또는
빠른 걸음으로 운동 삼아 걷기에 좋은 길이다. 작가의 산책길이면서
올레길 6코스가 지나는 칠십리시공원엔 관광객들이 잘 모르는
포인트가 있다. 천지연폭포를 정면에서 바라볼 수 있는 곳이다.
굳이 티켓을 끊어 들어가 폭포 가까이까지 가지 않아도 충분히

작가의 산책길
2021 |
판타블로(캔버스+아크릴)
| 24.2X33.4cm

천지연폭포의 장관을 즐길 수 있다. '새연교'는 새섬으로 들어가는
다리다. 강풍에 다리가 흔들리는 게 느껴진다. 날아가지 않게 모자를
거꾸로 돌려 쓰고 다리에 힘을 주며 걷는다. 바람에 몸이 휘청한다.
새섬은 작다. 한 바퀴를 도는 데 별로 많은 시간이 걸리지 않는다.
험한 길도 없다. 섬을 일주하는 동안 아름다운 경치가 파노라마처럼
펼쳐진다. 하나는 하얗고 하나는 빨간 작은 등대가 둘 서 있다. 하얀
등대는 밤에 초록불빛을 내고 배에서 바라볼 때 등대 좌측은 위험하니
오른쪽으로 항해하라는 의미고, 빨간 등대는 밤에 빨간 불빛을 내고
배에서 바라볼 때 등대 오른쪽은 위험하니 왼쪽으로 들어오라는

뜻이고, 노란 등대는 수심이 얕고 암초가 많으니 조심하고, 등대
쪽으로는 오지 말라는 표시다. 서귀포 항구에서 불어오는 바람 속에
매캐한 냄새가 섞여 있다. 배가 내뿜는 배기가스 냄새다.

'부둣가 풍경 일식 포차 라운지 달빛 부둣가'
카페 같기도 하고 술집 같기도 하고…? 건물을 이리 저리 살피는데 한
여자가 묻는다.
"식사 하시려고요?"
"여기 식당 맞아요? 식당 같지가 않아서."
"음식점이에요. 회덮밥도 있고 초밥도 있고."
실내가 깨끗하다. 인테리어를 한 지 오래되지 않은 것 같다. 창밖을
바라보며 일렬로 놓인 의자 위에 나란히 앉는다. 회덮밥과 모듬초밥을
시킨다. 마스크를 쓴 중년의 여성이 앞의 창문을 열어준다. 자바라로
되어 있어 옆으로 밀자 시원한 바람이 쏟아져 들어온다. 바로 앞
항구에 정박된 배들, 눈을 들면 높은 언덕, 그 앞에 새연교와 새섬.
파노라마처럼 펼쳐지는 뷰가 상쾌하다. 대표는 김옥화 씨. 이
자리에서 18년 횟집을 하다 접었다. 임대를 했는데 여러 사람이
들어와 장사하다 나갔다. 다시 직접 가게를 운영하기로 했다. 3월
9일 오픈했다. 포차라는 설명대로 리즈너블한 가격에 초밥과 덮밥
같은 것들을 내면서 술도 판다. 회덮밥은 1만 원, 모듬초밥은 1만
5,000원이었다. 남편은 갈치잡이 배 선주다. 남편은 서귀포항 근처가
고향이고 자신은 서귀포 하원 출신이다. 갈치라는 놈이 한 삼년 잘
잡히면 또 한 삼년은 잘 안 잡히는 게 희한하다고 말한다. 그래도

명절을 앞둔 한 달은 언제나 잘 잡힌단다. 아내가 혼자 길을 걷다 만난 동갑내기 여성한테 얘기를 듣고 찾아온 '달빛부둣가'. 깨끗하고 친절하다. 서귀포시 칠십리로 38-1. 서귀포항 커다란 서귀포수협 수산물유통센터 건물 바로 옆에 있다. 파란색으로 칠해져 있어 쉽게 눈에 띈다.

정방폭포 얘기를 빼먹었다. 37년 전 신혼여행으로 왔던 곳. 그때에 비하면 주변이 엄청 달라졌고 잘 정비돼 있다. 폭포 바로 밑까지 조심조심 바위를 건너뛰며 다가갔다. 37년 전처럼 폭포 아래서 사진을 찍는다. 바다로 직접 떨어지는 폭포가 정방폭포의 셀링포인트다. "폭포라면 나이아가라 정돈 돼야지" 하며 시큰둥하던 아내도 어느새 폭포 앞까지 내려왔다. 사람들은 많지 않다. 평일인데다 날씨도

서귀포항

제주 대포동 주택
2021 | 판타블로(캔버스+아크릴) | 41X53cm

흐리고 코로나 탓일 게다. 세상 일. 정말 한 치 앞을 모른다. 자칫하면
큰 사고를 당할 수 있다. 며칠 전 이중섭미술관에서 큰일 날 뻔했다.
미술관옆 동사무소 화장실로 올라가는 계단. 왼발 끝이 계단에
걸렸다. 중심을 잃고 휘청했다. 왼손으로 난간을 붙잡았는데, 체중이
실리면서 몸이 휘익 돈다. 그대로 머리를 난간 철봉에 부딪혔다.
한동안 정신이 없었다. 머리만이 아니라 목도 충격을 받았다. 머리가
욱신거리기 시작한다. 아내가 머리칼을 헤치고 사진을 찍는다.
벌겋게 피가 배어 나고 있다. 제주도에 흔한 돌담이었다면 큰일 났을

것이다. 뾰족뾰족한 현무암에 그대로 머리를 박았으면 어떤 사태가
벌어졌을지. 오싹 전율이 흐른다. 그렇잖아도 심한 근시인데 나이가
드니 모든 게 흐릿하다. 걸핏하면 어디 부딪힌다. 조금이라도 위험한
곳은 최대한 조심해야 한다. 마음만 믿고 함부로 행동할 일이 아니다.
무사히 돌밭을 통과해 가파른 계단을 올라와 정방폭포를 벗어난다.

'달빛부둣가'에서 만족스런 점심을 먹고 '허니문하우스'를 목표로
걷는다. '자구리예술문화공원'. 예술가들의 다양한 작품이
설치되어 있어 눈이 즐겁다. 이중섭은 이곳 자구리 바닷가에서
아내와 어린 아들 둘과 게를 잡으며 놀았다. 생애 가장 행복한
시간이었다. 이중섭은 가족단란의 행복을 그림 '그리운 제주도
풍경'에 담았다. 자구리해안공원을 벗어나 언덕길을 오른다. '칠십리
음식특화거리'를 따라가는 인도다. 커다란 간판에 동백꽃이 그려져
있다. 그 아래 글자들. '4.3유적지 소낭머리'. 설명문이 쓰여 있는
다른 안내판엔 소남머리라고 돼 있다. '소낭머리' 혹은 '소남머리'.
머리가 소머리를 닮아서 그런 이름이 붙었다는 설과 소나무가
많은 동산이어서 그렇다는 설 두 가지가 있다. '소남머리'는 4.3
당시 무고한 제주도민들이 숱하게 희생당한 곳이다. 서귀동에
주둔한 군부대에 붙잡힌 사람들이 폭력적 취조를 당하고 즉결처형
대상자들은 소남머리 아래에서 총살당했다. 대동청년단이라는 단체
소속 소년에게 죽창으로 찔러 죽이라는 만행을 강요하기도 했다고
한다. 소남머리는 73년 전 피비린내 나는 지옥이었다. 피에 굶주린
짐승들이 닥치는 대로 무고한 사람들을 학살했다. 4.3평화기념관에서

1월 자구리 밤바다
2022 ｜ 판타블로(캔버스+아크릴) ｜ 33x24cm

작가의 산책길
2021 | 판타블로(캔버스+아크릴) |
24.3X19.1cm

본 기록에 의하면 체포된 이들의 생사여탈권을 쥐고 있었던 자들
중에는 하루라도 사람을 죽이지 않으면 사는 맛이 없다고 지껄인
마약중독자도 있었다고 한다. 제주도의 아름다운 경치를 아무 생각
없이 감상하고 그저 감탄할 수만은 없는 까닭이다.

소남머리에서 허니문하우스로. 길이 있을 것 같지 않은 쪽으로
들어간다. 첫눈에도 범상치 않은 하얀 건물이 서 있다. '소라의 성'.
1969년에 지어졌는데 해물탕 집으로 사용되던 것을 서귀포시가
매입해서 지금은 서귀포시가 운영하는 북카페로 사용되고 있다.

건축가 김중업의 작품으로 추정된다는데, 풍부한 곡선과 범상치 않은 모양새가 보통 사람의 설계는 아닐 것으로 보인다. '소라의 성' 옆을 지나는 길은 올레길 6코스다. 올레길을 나타내는 리본과 나무로 된 화살표가 보인다. 조금 내려가자 폭포 소리가 들린다. '소小정방 폭포'다. 정방폭포에 비해 작은 폭포. 셋으로 나뉜 물줄기가 동시에 떨어지고 있다. 정방폭포와 달리 무료다. 귀엽고 앙증맞은 폭포와 그 앞에서 바라보는 주변 경치는 아름답다. 앞바다에 떠 있는 커다란 배는 닻이 내려진 듯 제자리에 멈춰서 파도를 따라 출렁거리고 있다. 가까운 언덕 위 나무들 사이로 하얀 건물이 보인다. '허니문하우스'다. 하얀 벽에 유럽풍 주황색 기와로 덮인 이국적인 디자인이다.

영업을 하지 않는지 적막했고, 바닷가 쪽 건물 한 동만 사람들이 들락날락했다. 베이커리 카페다. 늘 마시는 카페라떼 대신 모카커피를 주문한다. 맨 구석 푹신한 가죽 소파에 푹 파묻힌다. 커피를 홀짝인다, 느리게 시간이 흐른다. 나른한 봄날 오후. 평화로운 풍경. 가슴을 채우고 올라오는 충일한 감정. 제주도 한 달 살기. 하루가 또 지나간다.

법환마을 쁘띠 산책

새벽에 호우와 산사태를 주의하라는 문자가 울렸다. 이른 아침엔
그래도 제법 또렷하던 호랑이섬이 지금은 거의 자취를 감췄다. 4.3
73주년인 날. 날씨도 숙연하다. 오후가 되자 비가 잦아든다. 동네
주변을 산책하러 머물고 있는 집 뒷쪽으로 올라간다. 새로 지은 예쁜
집들과 오래되어 낡은 집들이 자연적으로 형성된 길을 따라 이어진다.
길을 따라가니 어디서 본 듯한 카페가 나타난다. 카페 '벙커하우스'다.
전에 올레길을 걷다가 본 그 베이커리 카페다. 비닐하우스 모양으로
된 콘크리트 건물. 지붕에 잔디가 덮여 있다. 특이한 모양의 나즈막한
카페 건물은 주변 경치를 해치지 않고 잘 어울린다. 움푹 활처럼
휘어들어온 해안선과 검은 바닷가, 좌우 주변의 경치가 환상적이다.
카페 앞으로 올레길 7코스가 지난다. 올레길을 따라 더 내려오자
법환포구다. 왼쪽으로 넓고 시커먼 바윗돌들이 가득하다. 불에 탄
돌들. 예의 뾰족뾰족하고 울퉁불퉁한 현무암 바위들이다. 포구 위쪽

법환동 주택
2021 | 판타블로(캔버스+아크릴) | 33.3x24.2cm

언덕에 거대한 소나무 두 그루가 포구를 내려다보며 서 있다. 더 높은
쪽은 낙지요리를 하는 식당이고 그 아래쪽은 포차 식당이다. 포구
바로 위 작고 노란 슈퍼가 있다. 구불구불 골목길을 따라 마을을
돈다. 차도로 나오자 건너편에 빵집 간판이 보인다. 작은 콘크리트
건물 한 동에 큰 글자로 '다미안'이라고 쓰여 있다. 아내가 여기서
두어 차례 빵을 사온 적이 있다. 따뜻한 팥빵이 맛있었다. 문을 열고
들어간다. 나이 든 여자와 젊은 여자, 주인 아주머니가 제빵사인 젊은
여자 종업원을 데리고 운영하고 있다. 주인은 대구사람이고, 사위가
평택에서 빵집을 하다가 3년 전 법환으로 내려와 같이 빵집을 하며

살았는데 섬 생활을 못 버티고 대구로 떠났다고. 쑥을 섞었는지 초록색 외피 안에 팥이 듬뿍 든 단팥빵, 호도알이 씹히는 크림빵, 소보로빵, 옛날빵, 찹쌀꽈배기. 모두 맛있다. 빵의 레시피는 사위가 만든 거란다. 73년 전 일어난 4.3사건으로 수많은 무고한 생명이 희생당한 날. 즐거운 기분으로 관광을 다닐 맘도 들지 않았지만, 강풍과 호우가 예상된다는 일기예보를 구실로 비가 잦아든 오후. 편한 걸음으로 느긋하게 돌아다닌 동네 탐방은 아기자기한 재미가 솔찬했다.

+DAY 17

제주도가 만든 추사체

아침에 커튼을 젖히면 바다에 손에 잡힐 듯 떠 있는 섬.
범섬(호랑이섬)이다. 멀리서 보면 호랑이가 웅크리고 있는 모습처럼
보여서 그런 이름이 붙었단다. 오른쪽 작은 섬이 머리라면
왼쪽은 몸통인가. 섬에는 굴 두 개가 뚫려 있는데, 제주도를 만든
설문대할망이 한라산을 베고 누우면서 뻗은 두 다리가 범섬에 닿아
그리 됐단다. 아주 오래전 이 섬에 들어가 최후를 맞은 사람들이
있었다. 고려말. 제주도가 원나라의 직속령이었던 시절. 제주도
동쪽과 서쪽에 말목장 두 곳이 있었다. 대략 1,400~1,700명 정도의
몽골인들이 들어와 말을 키웠다. 목축을 하는 오랑캐. 목호牧胡다.
무려 100년 가까이 제주도에 살았으니 현지인들과 결혼해서 애도
낳아 가족을 이루었다. 이 목호들이 고려조정에 반기를 들었다.
원이 쇠퇴하고 명이 대두하자 두 나라 사이에서 균형을 취하던
공민왕은 제주도를 수복하려 도순문사를 제주도에 파견한다. 공민왕

5년(1356년), 목호들은 도순문사 윤시우를 살해한다. 이후 10년 동안 세 차례나 고려 조정이 파견한 관리들이 목호의 손에 죽는 일이 벌어지자 1366년 공민왕은 100척의 배에 병사들을 태워 목호 정벌을 명한다. 결과는 참패. 본국 원나라의 지원도 받지 않은 목호의 세력이 생각 이상으로 강했던 것이다. 명이 건국된 지 6년 후인 1374년(공민왕 23년). 당대 최고의 무장 최영 장군이 무려 전함 314척, 병사 25,605명을 이끌고 본격적인 제주도 정벌에 나선다. 최영은 한 달에 걸친 전투 끝에 목호를 궤멸시킨다. 목호군에 기병 3천이 있었다지만 최영의 정예군을 대적하기엔 역부족. 석질리필사, 초고독불화, 관음보라는 이름의 목호군 리더들은 서귀포 앞 바다에 있는 범섬으로 들어가

창천리 새벽
2021 | 판타블로(캔버스+아크릴) | 49.9x33.3cm

가을하늘 창천리
2021 | 판타블로(캔버스+아크릴) | 24.3x19.1cm

항전하다 최후를 맞는다. 법환포구에는 최영의 군사들이 배를 줄줄이
줄로 묶어 범섬으로 진격했다는 장소인 배염줄이(또는 배연줄이)가 있다.
꼬불꼬불 길게 이어진 지형이 뱀을 닮았다. 배염줄이가 있는 바닷가
도로. 올레길 7코스이기도 한데, 도로명이 최영로다.

목호들이 100년 가까이 제주도에 살며 남긴 유산은 많다. 애기구덕,
허벅, 제주도 조랑말 명칭인 구령, 중국 운남을 본관으로 하는
제주도의 4대 성씨인 양梁 안安 강姜 대對 씨는 원의 멸망 후 명이 유배
보낸 원나라 후손들이고 좌左 원元 두 성씨도 원 계통이란다. 역사를
알고 나니 범섬이 달리 보인다. 교과서 설명대로 목호의 난은 말을

정오의 창천리 주택
2021 | 판타블로(캔버스+아크릴) | 24.3x19.1cm

키우던 원나라 오랑캐들이 일으킨 반란이고, 공민왕의 제주도 공략은
그들을 진압하고 고려의 영토주권을 회복한 쾌거였다고 간단히
이해하기엔 스토리가 복잡하다. 한 달에 걸친 최영 장군의 목호 토벌.
하담이라는 사람은 이렇게 묘사했다. "우리 동족 아닌 것이 섞여
갑인의 변을 불러들였다. 칼과 방패가 바다를 뒤덮고 간과 뇌는 땅을
가렸으니 말하면 목이 메인다." 토벌대에 의해 죽임을 당한 이들이
원나라 목호들뿐이었겠는가. 목호와 결혼한 원주민, 그 사이에서 난
아이들, 목호들과 거래하며 생계를 꾸리던 사람들도 많았을 것이다.
뭍에서 들어온 서북청년단의 행패와 폭력이 4.3의 한 계기가 되었듯
오랜 옛날부터 현대에 이르기까지 '육짓것'들에 의해 늘 수탈당하고

피해당한 섬이었다. 당시의 탐라인들 입장에서는 몽골인이나
고려인이나 마찬가지 아니었을까. 역사는 한두 마디 말로 간단히
정리할 수 있을 만큼 단순하지 않다. 아침에 일어나 범섬을 바라보며
드는 생각이다.

오늘은 그동안 허탕 친 곳들을 다녀볼까. 먼저 대정에 있는 추사
유배지다. 대정은 제주도에서도 유별나게 바람이 세고 척박한 곳이다.
대정에 있는 항구 모슬포를 오죽하면 '못살포'라고 하겠는가. 추사는
편지에서 겨울 대정의 칼바람을 독풍毒風이라 표현했다. 칼바람까진
아니었지만 봄인데도 찬바람이 점퍼를 파고 들어와 몸이 부들부들
떨린다. 대정현에 도착한 추사는 강도순이란 사람 집에서 가장 오래
살았다. 강도순은 추사의 제자 중 한 명으로 그의 밭을 밟지 않고서는
마을을 지나갈 수 없을 정도의 동네 부자였다. 추사가 유배생활 동안
기거했던 강도순네 초가집이 복원돼 있다. 디귿 자형으로 모두 세
채다. 강도순 가족이 살던 안거리, 추사가 기거하던 모거리, 추사가
제자들을 가르치던 밖거리. 모거리 안에는 추사와 초의선사가
차를 마시며 담소하는 장면이 인형으로 재현돼 있고, 밖거리에는
추사가 제자들을 가르치는 모습이 재현돼 있다. 추사는 할아버지가
영조대왕의 사위였던 경주 김씨 집안에서 금수저를 물고 태어나
어렸을 때부터 천재 소리를 들었다. 특히 글씨에 탁월했다. 세상
부러울 것 없이 승승장구하다가 1840년 9월 뜬금없이 유배형에
처해진다. 안동 김씨 세력의 모함으로 10년 전 아버지 김노경이
유배를 가면서 시작된 집안의 불행이 10년 후 추사에게까지 미쳤다.

추사로 가는 길
2021 | 판타블로(캔버스+아크릴) | 33.3X24.2cm

'윤상도 옥사사건'에 연루된 것이다. 유배생활은 8년 3개월에
이르렀다. 낯선 환경, 안 맞는 음식, 방안의 벌레들과 끊임없는 질병에
시달린 세월이었다. 기고만장 오만불손했던 인간이 겸손해지고
품이 넓어졌다. 고난 속에서도 추사는 붓을 손에서 놓지 않았다.
추사는 평생 붓글씨를 쓰느라 벼루 열 개를 구멍 내고, 붓 천 자루를
몽당붓으로 만들었다는데, 그 벼루와 붓의 상당수는 제주도에 있는
동안 닳아 없어졌을 것이다.

'추사기념관'은 추사가 살던 초가집 앞에 있다, 나지막하나 큰 창고

같이 보이는 건물이다. 기념관은 지하 1층에 있어 계단을 내려가야
한다. 물론 장애인이 이용할 수 있는 엘리베이터는 따로 있다. 계단은
두 개의 난간에 의해 세 부분으로 나뉘어 있다. 가운데 부분의 모양이
심상치 않다. 계단 위에서 아래까지 긴 돌을 지그재그로 끼워넣었다.
걸어내려가기 쉽지 않을 듯하다. 위험하니 양쪽 계단을 이용하라는
안내문이 붙어 있다. 무슨 계단을 이렇게 만들어 놨지?
"계단이 왜 저래요?" 근무자에게 묻는다.
"아, 추사의 험난한 유배길을 저렇게 표현한 거랍니다."
"건물이 꼭 창고 같네요?"
"세한도에 나오는 집과 똑같이 보이려구요, 건물 옆에 소나무들을
심은 것도 그렇고 저기 보이는 동그란 창도 그림에 있는 걸 재현한
것입니다."
고개를 들어 보니 위쪽에 작고 동그란 창이 나있다. 조선식이
아니라 중국식이다. 청나라에 있을 때 '조선엔 사귈 친구가 없다',
'조선은 미개한 땅, 촌스러워서 중국 선비들과 사귀기 부끄럽다'고
말했을 정도로 중국을 사모했던 김정희는 선비의 지조를 표현한
세한도에서조차 중국식으로 창을 낸 집을 그렸다. 세한도의 집을
연상시키는 건물, 주변과 어울리는 건물이라면 높이 지을 수 없다.
더구나 유배지는 대정현성 안에 있다. 유배지 바깥을 둘러싸고
있는 튼튼한 돌담이 제주도 삼대 읍성이었던 대정현성의 성곽이다.
전시관이 지하로 들어간 까닭일 것이다. 전시관에는 추사의
글씨들과 초상화가 전시돼 있다. 추사의 글씨는 제주에 있는 동안
변했다. 스물네 살 때 청나라 수도에 가 일흔아홉 살 청나라 학자

옹방강으로부터 '경술문장해동제일', '해동제일통유'라는 칭찬까지
받았던 김정희의 글씨는 유홍준 교수가 '란자완스체'라고 평했을
만큼 기름끼가 잔뜩 낀 것이었다. 옹방강의 '해동제일 운운'하는
말이 마음에 걸린다. 그걸 극찬이라고 좋아라 하는 것도 마뜩잖다.
해동이라는 단어도 중국에서 봤을 때 바다 동쪽이라는 보통
명사 아닌가. 아무튼 옹방강의 해동 제일 운운은 자신이 만나본
조선사람 중 김정희가 그렇다는 것이지, 어찌 모든 조선 선비 중
으뜸이라는 뜻이겠는가. 조선 조야의 모든 선비를 다 아는 것도 아닌
처지에, 주제넘은 말이다. 중국인의 과장법은 동서고금을 막론하고
천하제일이다.

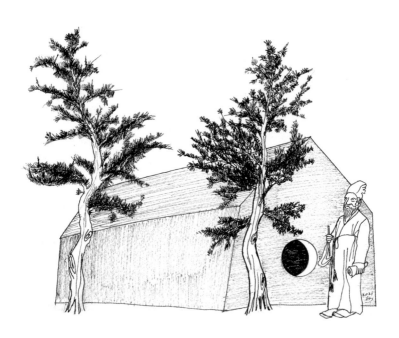

추사의 세한도

추사의 글씨는 제주도 유배생활을 거치면서 기름기가 빠졌다. 누구도 흉내낼 수 없는 김정희만의 글씨, 중국 모방이 아닌 법고창신의 조선의 서체. 추사체는 유배생활의 고난 속에서 또 쓰고 또 쓰며 다듬고 다듬어서 완성된 것이다. 전시관에는 71세로 세상을 떠나기 전 생애 마지막으로 쓴 봉은사 현판 글씨 '판전'의 탁본이 전시돼 있다. 어린 아이가 쓴 것처럼 천진하고 소박하여 보는 내 마음도 부드러워진다. 전시관에는 기름기가 낀 무량수각이란 글씨와 기름기가 빠진 글씨가 나란히 전시돼 있다. 추사의 변화를 한 눈에 볼 수 있어 흥미롭다. 전시관 바깥에 있는 체험실에는 지필묵이 놓여 있다. 붓을 들고 글씨를 써본다. 삐뚤빼뚤. 얼른 구겨서 호주머니에 넣는다. 추사가 받았던 형은 유배 중에서도 가혹한 위리안치다. 가시 달린 탱자나무 울타리로 집을 둘러싸고 그 바깥으로는 나갈 수 없게 하는 형. 전시관 바깥 돌담 안쪽에 심어져 있는 탱자나무들은 추사가 받은 위리안치형을 표현하기 위해 심은 것이란다. 물어보지 않아도 알 수 있게 안내판의 설명이 좀 더 친절했으면 좋겠다. 아무 생각 없이 둘러보면 알아채기 어렵다.

곶자왈도립공원. 허탕 친 곳 재도전. 제주도에는 여기 말고도 여러 군데 곶자왈이 있지만 도립공원은 한 곳뿐이다. 입장료 천 원. 공원 밖 화장실부터 들른다. 일단 들어가면 나올 때까지 참아야 한다. 뭐 사먹을 데도 없다. 탐방안내소부터 시작되는 테우리길을 걸어 올라가면 세 갈래 길이 나온다. 세 갈래 길에서 왼쪽으로 가다 갈래길에서 우회전 하면 빌레길, 계속 직진하면

오찬이길이다. 테우리길을 올라가다 세 갈래 길에서 우회전해
계속가면 가시낭길이고, 갈래길을 만나 왼쪽으로 돌면 한수기길이다.
테우리길에서 좌측으로 계속 가 오찬이길을 택하든 우측으로 가다가
갈래길에서 한수기길로 접어들든 두 길은 만난다. 만나는 지점에서
빌레길로 접어들어 내려올 수도 있고, 그냥 주욱 큰 원을 그리며
돌다가 테우리길을 따라 입구로 나올 수도 있다. 가시낭길만 올라간
길로 다시 내려와서 테우리길을 통해 입구로 나와야 한다. 모든 길을
다 합해봤자 7.6킬로에 불과하다. 공원은 대정읍의 3개 리에 걸쳐
있지만, 트레킹 코스만 놓고 보면 그닥 길다고 하기 어렵다. 자기
형편에 맞춰 코스를 짜 운동하기에 안성맞춤인 공원이다.

곶자왈, 빌레, 테우리… 제주 말들이다. 곶자왈은 나무와 풀들이
얼크러진 돌멩이들이 많은 곳이란 뜻, 빌레는 용암대지란 뜻이다.
제주에는 여러 군데 곶자왈이 있는데, 이곳 대정의 도립공원
곶자왈은 다른 곳과 지질학적 특성이 다르다. 테우리는 카우보이
혹은 뗏목을 이르는 말이다. 다른 곳들은 꿀처럼 끈적끈적한 용암, 즉
표면이 거칠고 요철이 많은 아아용암(aa lava)이 흘러 만들어진 반면,
이곳의 곶자왈은 쥬스처럼 점성이 낮아 빠르고 매끄럽게 흐르는
파호이호이(pahoehoe) 용암에 의해 만들어졌다. 용암이 흐르면서
형성된 동굴이 푹꺼져 계곡처럼 보이는 곳들이 많은 까닭이다. 그런
데를 용암협곡 또는 붕괴도랑(collapse trench)이라고 한단다. 비가
많이 오면 계곡처럼 물이 흐르기도 한다. 테우리길을 걷는다. 제법 긴
거리에 나무데크가 깔려 있다. 곶자왈은 크고 높이 솟은 나무들로만

창천리 돌집
2021 | 판타블로(캔버스+아크릴) | 24.3x19.1cm

이루어진 숲이 아니라 양치식물, 덩굴나무, 굵고 곧은 나무 등이
어지럽게 얼크러져 자라고 있다. 10m 내외 키를 가진 종가시나무와
녹나무 같은 상록수들이 많이 자란다. 습기 많은 공기 때문인지 파란
이끼가 낀 바위들과 나무들이 많다. 줄기에 파란 녹이 잔뜩 슬어 있는
나무. "쇠에 슨 녹이랑 어쩜 이렇게 똑같지?" 하며 가까이 다가가
아래에 꽂힌 명패를 보니 녹나무다. 이끼 낀 돌들과 녹슨 나무들이
한동안 계속되는 구간을 걸을 때 불현듯 지구 아닌 다른 행성을 걷고
있는 듯한 느낌이 들며 영화 '아바타'가 떠올랐다. 차에서 내릴 때는
추웠는데 한참을 걸으니 몸이 더워진다.

"어, 이거 탱자나무꽃이잖아."

새하얗고 가녀린 탱자나무꽃을 보는 게 얼마만인가. 어릴 적 고향에 흔하디 흔했던 탱자나무 울타리. 봄이면 꽃이 피고, 꽃이 지고 한참 시간이 흐르면 작고 노란 탱자들이 주렁주렁 열렸다. 탱자를 따려고 날카로운 가시들 사이에 손을 집어 넣다가 찔리기도 했다. 너무 시어서 먹을 수 없었지만 동글동글 노란 탱자는 보는 것만으로도 좋았다. 가시는 무서운데 꽃은 어찌 이리 하얗고 가녀릴까. 은은한 향기는 또 어떻고. 제주도 곶자왈에서 어릴 적 추억이 되살아났다. 공교롭게도 탱자나무꽃의 꽃말은 추억이다. '피톤치드가 어떻고' 하지 않더라도 숲에는 확실히 치유 기능이 있다. 가슴 깊이 숨을 들이마셨다가 길게 내뿜는다. 공기가 달다. 힐링되는 느낌이다. 숲에서 두 시간 넘게 보냈다. 몸이 한결 가벼워진 듯하다. 오늘 제주 탐방은 이 정도로 끝내자.

새벽공기 창천리
2021 | 판타블로(캔버스+아크릴) | 24.3x19.1cm

+DAY 18

아내가 상경하고 지인들이 찾아오다

요양원에 계신 장모님이 심근경색으로 쓰러지셔서 119에 실려 큰
병원으로 가셨다. 다행히 곧 의식을 되찾고 평소처럼 의사소통을
하신단다. 불안한 아내가 바로 비행기표를 끊었다. 아내를 태우고
공항까지 달렸다. 나도 같이 가려 했으나 가봤자 할 일이 없고
원래대로 회복되셨으니 굳이 같이 갈 필요 없다며 한사코 만류한다.

마침 뭍에서 손님들이 왔다. 전에 정해 놓았던 약속 날짜에 온 것인데,
오기 전 아무런 연락이 없었다. 내가 서울로 갔더라면 황당할 뻔했다.
저녁에 법환의 음식점 '흑돼지돌돌이'에서 고기를 구웠다. 삼겹살
항정살에 소맥을 한 잔 곁들였다. 살 빼기 계획에 또 차질이 생겼다.
하나마나한 소리에 웃고 떠드는 중에 시간이 흘러갔다. 밤 아홉시.
손님들은 걸어서 호텔로 돌아갔다. 일부러 내 거처에서 가까운 곳을
잡았다고 한다. 추사가 유배 시절 초의선사는 친구를 세 차례나

찾아왔다. 뱃길로 며칠 씩 걸리는 험한 바다를 건넜다. 추사의 아내가 죽었을 때 초의는 제주도로 건너와 친구를 위로하며 반년을 같이 지냈다. 유학자와 승려로 걷는 길이 전혀 다른 두 사람이었다. 추사의 유배생활 중 가장 큰 즐거움 중 하나는 초의가 보내주는 차를 마시는 일이었다. 둘의 우정은 가히 금란지교金蘭之交라 할 만했다. 내게는 그런 친구가 한 명이라도 있는가. 바로 이 친구야, 라고 망설임 없이 말할 수 있는 이가 있는가. 그보다, 나는 누구에게 그런 친구인가. 이래저래 산다는 것은 무엇인가 자문하게 되는 밤이다.

가파도 되고 마라도 되고

뭍에서 온 사람들과 가파도를 가기로 했는데 어젯밤 제주 흑돼지구이
1차에 이어 숙소에서 2차 술파티를 벌였다고 해서 출발이 늦어졌다.
법환에서 가파도 가는 배를 타는 모슬포까지는 차로 45분쯤
걸린다. 열한 시쯤 도착했다. 너른 주차장에 차들이 가득 들어차
빈 데가 없다고 입구에서 막는다. 운진항으로 들어가는 도로 한
켠에 그냥 대고 오란다. 주차된 차들 맨 뒤까지 가서 대고 한참을
걸어 여객터미널에 도착한다. 관광객들로 인산인해다. 표를 사려는
사람들이 길게 줄을 서 있다. 대표로 신분증과 승선자 명단을 들고
줄에 서 있던 이가 체온측정기를 통과하지 못했다며 긴급 호출이다.
어젯밤 마신 술로 달아오른 몸의 온도가 영향을 준 모양이다. 나중에
다시 재니 정상체온으로 나왔지만 가슴을 쓸어내렸다. 1인당
왕복 14,100원. 이상한 것은 들어갈 때 배삯은 6,500원인데 나올
때 배삯은 7,600원이다. 집에 돌아와 승선권을 보다 발견했다.

운진항에서 가파도까진 10분밖에 걸리지 않는다. 센 바람에 파도가 크게 일어 배가 좌우로 심하게 흔들렸지만 타는 시간이 짧아 멀미를 할 틈은 없다. 예전엔 국토 최남단이라는 상징성 때문에 마라도 방문객은 넘쳤지만 가파도는 한가했다는데 지금은 아니다. 유명한 청보리축제가 열리고 있고 올레길 10-1코스가 만들어진 후 가파도를 찾는 사람들이 크게 늘었기 때문이다. 선착장에 내려 가파도 비석 앞에서 사진을 찍고 시계 방향으로 섬을 한 바퀴 돌기로 한다. 몸을 돌려 바라보니 떠나온 운진항, 그 뒤에 큰 종 같은 산방산, 그 앞에 가로로 누운 것이 송악산이다. 더 멀리 흐릿한 높은 산은 한라산이다. 모슬포에서 가파도까지는 5.5킬로밖에 안 된다. 풍랑이 세게 일어 왕래하기 힘들 때 모슬포에서 가파도와 마라도를 향해 "빌려간 거 가파도(갚아도) 되고 마라도(말아도) 돼"라고 외친 데서 두 섬 이름이 그렇게 됐단다. 말도 안 되는 소리지만 재밌다. 그러고 보니 영화 마파도는 마라도와 가파도에서 따왔나?

묘지들이 모여 있다. 모두 제주식 산담으로 둘러싸여 있다. 공동묘지? 한 무덤 앞에 꽂혀 있는 작은 팻말. "묘지주께서는 연락 바랍니다." 그 아래 토지주라고 쓰고 전화번호를 적어두었다. 땅과 묘의 주인이 서로 다른 모양이다. 바닷쪽 길가에 돌담으로 둘러쳐진 공간. 출입금지다. 안에는 인조잔디 매트가 깔려있다. 제단(짓단)이다. 매년 정월 정일丁日과 해일亥日에 목욕재계하고 2박 3일 신께 제사를 올린단다. 제주도에는 1만 8천의 신이 있다. 험한 자연환경이 그 많은 신을 만들어냈을 것이다. 제주도에서도 천주교와 토속신앙이

충돌한 적이 있었다. 제주도에서 일어난 대규모 민란 중 하나인
'이재수의 난'이다. 프랑스 신부와 천주교도들이 토속신앙을
미신이라 무시하고 패악질을 일삼은 것이 원인의 일단이었다. 제일
높은 곳이 해발 20.5m라니 가파도가 얼마나 낮고 평평한 섬인
줄 알 것이다. 높은 지대에 뭔지 모를, 그러나 자세히 보면 특이한
건축물이 들어서 있다. '아티스트 in 레지던스'라고 적혀 있다.
서귀포시가 운영하는 예술가들을 위한 레지던스인 듯하다. 예술가
레지던스는 서귀포시에도 있고 마라도에도 있다던데 가파도에도
있다니. 제주도가 예술가들에게 상당히 공을 들이는 것 같다. 정식
명칭이 '가파도 문화예술창작공간'인 이 아티스트 레지던스는
건축문화대상을 탔다. 주변 자연환경을 거스르지 않고 가파도의
지형과 풍경에 스르르 녹아든 설계다. 밖에서 둘러보는 것만으로는
안의 구조를 알 수 없다. 어떤 장르의 아티스트들인지, 공간구성은
어떻게 돼있는지 궁금했다. .

가파도의 중심 동네 골목을 걷는다. 식당, 기념품 가게, 식품점이 있고
벽에는 온통 가파도를 설명하는 그림들과 글이다. 천천히 읽으며 걸을
만하다. 골목길이 끝날 즈음 보리도정공장이 있다. 공장 앞. 할머니 한
분이 빻은 보릿가루를 넣은 비닐 봉투 몇 개를 옆에 놓고 앉아 있다.
골목길을 벗어나자 푸른 청보리밭이 시야 가득 펼쳐진다. 무농약으로
재배하는 보리라 돌아가면서 휴경한다는 설명판이 밭가에 서있다.
'소망전망대'는 가파도 정상 해발 20.5m에 있다. 전국 전망대 중 젤
낮은 곳에 있지 않을까. 그래도 사방이 다 보인다. 주위에 펼쳐진

제주가게 부두호
2021 |
판타블로(캔버스+아크릴) |
19.1x24.3cm

보리밭 유채밭. 파랗고 노랗다. 그 너머. 넘실대는 파도. 바람이 세다.
청산도가 생각난다. 가파도보다 훨씬 넓은 섬. 청산도 보리밭 풍경도
장난 아니지. 세워놓은 돌하르방들이 재밌다. 두 팔로 하트를 그린
돌하르방. 파안대소하는 돌하르방. 사진 찍는 이들이 많다. 돌하르방
없었으면 제주도는 어쩔 뻔했나. 별의별 재밌는 아이디어를 다 낸다.
기념품 가게 작은 돌하르방은 동백꽃을 달고 있고 니트 모자도 쓰고
있고. 콘텐츠가 별다른 게 아니다. 전망대 바로 아래 게르가 있다. 온통
리본으로 덮여 있다. 바람에 떠는 리본들이 게르의 털 같다. 뭐지?
'소망의 집'. 안이고 밖이고 온통 소망을 적은 리본을 매달아 놨다.

뭔가 열심히 적고 있는 사람들. 부모는 자식 잘 되기를, 청소년은 수능 대박을, 청춘남녀는 사랑의 맹세를. 리본에 담긴 마음들을 읽는다. 선착장을 향해 가는 길. '상동우물터'가 있다. 맨 먼저 샘이 발견된 곳, 우물 주위에 사람들이 모여 살다가 더 큰 우물이 발견되자 그곳으로 옮겨갔다. 하동이다. 상동은 원도심, 하동은 신도심인 셈이다. 상동우물가에 현무암으로 만든 허벅을 진 여인의 상이 있다. 허벅은 몽골이 남긴 유산이다. 배 타는 시간까지는 4~50분 여유가 있다. 가파도 일주를 하고 점심을 먹고 가파도 전망대 오르고 보리밭 구경을 해도 이 정도다. 운진항에서 왕복 티켓을 끊을 때 들어가고 나오는 시간이 정해져 있어 이 정도 시간으로 될까 했는데 기우였다. 머무르며 놀멍 쉬멍 할 사람이면 다를 것이다. 남은 시간을 카페에서 보내기로 한다.

'카페 가파리212'. 큰 나무판 위에 적힌 카페이름이다. 양옆으로 돌담이 있는 제법 가파른 계단을 올라가야 한다. 왼쪽에 배 한 척이 올라 앉아 있다. 작고 낮은 주황색 지붕을 한 제주의 전형적인 집. 길에서 봤을 때 상반신만 보이는 정도다. 한눈에 봐도 사람이 살던 집을 고쳐 카페로 한 것임을 알겠다. 잔디 깔린 마당에 놓인 나무 테이블과 의자. 두 여자가 앉아 돌담 너머 먼 바다를 바라보고 있다. 카페 안. 낮은 천장이 훤히 드러나 있다. 구불구불 대충 다듬은 나무 기둥, 서까래, 하얗게 회칠한 천장. 간소, 질박, 자연… 옛집을 고친 카페들이 흔히 그렇듯 가파리212도 그런 곳이다. 남들은 미숫가루를 시키는데 나는 무심코 카페라떼를 시키고는 바로 후회했다. '가파도

보리가 유명한데 여기까지 와서 카페라떼라니. 이렇게 생각이
모자라서야.' 혼자 속으로 책망했다. 그렇다고 한 모금 마셔보자고
하긴 싫었다. 체면이 있지.

승선장. 한 여자가 승조원에게 제지당해 배에 오르지 못하고 한쪽에
서 있다.
"아니, 이런 마스크로 돌아다니셨단 말입니까?"
여인은 잔뜩 움츠러든 기색이다. 백팩을 메고 혼자 제주도 여행을
다니는 사람 같다. 제법 나이 들어 보인다. 마스크를 보니 코밑이 뻥
뚫려 있다. 외출할 때 자외선 차단하려고 쓰는 천마스크다. 코로나엔
아무 짝에도 쓸모없다.
"잠깐만 기다리세요. 제가 제대로 된 마스크 드릴 테니."
덩치가 곰처럼 큰 승조원이다. 웬만한 사람은 쫄 수밖에 없는
인상이다. 작지 않은 배가 파도에 크게 요동친다. 도착까지 거리가
가까워서 다행이지 안 그러면 배멀미 하는 사람들이 생겼을 것이다.
나도 어릴 적 지독히 심하게 차멀미를 했다. 버스 기름냄새를 맡으면
몇 분 못 가 바로 토했다. 나주에서 영암 외할머니댁에 제사 지내러
가는 날은 고역이었다. 창문을 열어 바깥 공기를 들어오게 해놓고
버티다가 결국 못 버티고 비닐봉지에 토한다. 승객들에게 그런 민폐가
없었다. 서울에서 매일 버스를 타고 통학하면서 차멀미는 사라졌다.
지금도 가끔 몸이 약할 때면 속이 메스꺼워지고 입안에 침이 고이기
시작한다. 토하는 경우까진 없지만 힘들다. 뭍으로 돌아가야 하는
사람들의 비행기 시간을 확인한다. 세 시간 가까이 남았다. 모슬포에

공항까지 가는 버스가 있다. 모슬포에서 작별하잔다. 공항까지 갔다가
혼자 다시 차를 몰고 돌아오기 힘들 테니, 공항은 자기들끼리 버스
타고 가겠단다. 말을 그렇게 해도 정작 내가 바이바이 하고 가버리면
섭섭해할 것이다.

한 사람이 모슬포중앙시장 김치가게에 들르잔다. 전에 와서 사먹어
봤는데 젓갈을 많이 넣어 진한 것이 전라도 사람 입맛에 딱 맞는
김치란다. 모슬포중앙시장. 배추김치 5,000원어치, 파김치 만
원어치를 주문한다. 한 명이 김치가게 아주머니한테 여기가 맛있다고
해서 일부러 들렀다고 너스레를 떤다. 파김치를 쥔 손이 한 번 더
김치통으로 들어갔다.
"이거 다 못 먹어요. 좀 가져가셔."라고 해도 막무가내다.
"햇반 덥혀서 그 위에 파김치만 얹어서 먹어도 좋아요."
일부러 안 하고 있던 말을 한다.
"공항까지 같이 가요. 나도 혼자라 돌아가봤자 심심하니, 타고 가면서
얘기도 하고."
한 명이 내게 고자질한다. "이 모씨가 설마 우리보고 진짜 버스 타고
가라고 하시지는 않겠지?" 했다는 것이다. 예순 넘은 사내들 마음 쓰는
게 이렇다. 그래서 또 웃었다. 모슬포에서 공항까지는 한 시간 남짓.
빠듯하게 도착했다.
"버스 기다렸다 타고 왔으면 큰일 날 뻔했네. 자칫하면 비행기
시간에 못 맞출 수도 있었겠네." 고맙다는 말을 이런 식으로 한다.
옛날엔 '사랑한다', '고맙다'는 말을 하는 게 쑥스럽고 외려 진심이

아닌 것 같아 꺼렸다. 요즘은 아니다. 커뮤니케이션은 포인트 위주로 간략하게. 전달력은 경쟁력이다. 정치하는 사람만이 아니라 모든 이에게 필요하다. 저녁. 모슬포시장에서 선물 받은 김치에 따끈한 햇반. 익지 않은 파김치는 아직 맵지만, 과연 맛있다.

제주의 노을

2021 | 판타블로(캔버스+아크릴) | 25.8x17.9cm

돌발 상황으로 서울행

제주공항. 서울에 돌발 상황이 생겼다. 겸사겸사 투표도 할 수 있게
됐다. 상황이 투표 한 번 빼먹는 걸 허락하지 않는다. 간절한 마음들이
모여 우주의 기운을 불러일으킨 모양이다. 제발 좀 잘해라! 오후
세 시 반. 투표를 했다. 시장 후보가 열두 명이라는 걸 투표용지를
보고 알았다. 나무에 걸린 후보자 소개 플래카드. 출마를 돈벌이
홍보수단으로 이용하는 듯한 자도 보인다. 아파트단지. 바람에
사쿠라꽃이 다 떨어졌다. 화려하게 유혹하던 꽃잎들이 땅에
뒹군다. 속절없이 밟힌다. 바람에 실려 전해오는 황홀한 향기. 하얀
라일락꽃이다. 꽃말이 '아름다운 맹세'다. 하늘을 뚫을 듯 치솟은
마천루. 욕망의 바벨탑을 배경으로 곧게 자란 나무 한 그루. 꼭대기
가느다란 가지들 사이에 새둥지 하나 위태롭게 걸려 있다. 저 작은
집에서 어미새는 바람에 흔들리고 비에 젖으면서 아기새를 낳고 길러
떠나보냈을 것이다. 위태위태한 세상. 우리 아이들 모두 좀 더 편안한
세상에서 살 수 있길 바란다.

다시 제주도, 어릴 적 친구가 찾아오다

다시 제주도. 공항 주차장에 세워둔 차를 몰고 게이트를 통과한다.
"주차료 8,400원입니다. 저공해차량이라 반값이에요." 이틀은 안
됐으니 2만 원은 아닐지라도 1만 원은 훨씬 넘을 걸로 생각했는데.
횡재한 기분이다. 제주도에 사는 사람은 무조건 하이브리드나
전기차로 사야겠다. 공항을 자주 이용할 테니까. 이마트에 들러
먹을거리를 사고 법환 거처로 컴백한다. 나는 일박이일 만이고 아내는
나흘만이다.

저녁. 광주에서 온 나주 친구를 만났다. 조규웅. 어릴 적 향교가 있는
교동에서 같이 살았는데 서울로 올라간 뒤 오랫동안 교류가 없었다.
광주에 내려가면서 다시 이어졌지만 정작 광주에 있는 동안엔
만나지 못했다. 자기도 제주도 한 달 살기를 하고 싶어서 매일 밤
자기 전에 내 제주도 다이어리를 읽는단다. 나도 만나고 올레길도

걸을 겸 어제 제주도에 왔는데, 내가 서울로 올라가버린 통에 못
만날 뻔했다. 광주에 있는 3년 동안 한 번도 만나지 못했던 친구를
제주도 서귀포 법환에서 만나다니. 아이러니다. 이런저런 소문, 친구
누구는 어디서 살고, 누구는 어땠고… 50년도 더 지난 옛날 추억을
소환한다. 반세기가 넘는 시간을 뛰어넘어 바로 어린 시절의 동무로
돌아갈 수 있는 고향 친구들이 있다는 건 행복한 일이다. 법환의
콩나물국밥집에서 저녁 식사로 시킨 전복콩나물국밥. 오분자기가 두
개 들어 있었다. 가성비가 괜찮았다. 친구는 렌터카를 몰고 제주시로
돌아가고 나는 1킬로가 넘는 밤길을 걸어 집으로 돌아왔다. 어제 오늘.
정신없는 이틀이 이렇게 지나간다.

법환초교 정류장
2021 | 판타블로(캔버스+아크릴) | 24.3x19.1cm

한곳한곳 허탕 친 곳을 탐방하다

아침. 하늘은 맑고 푸르다. 걷기에 좋은 날이다. 오늘도 허탕을
만회하는 날로 한다. 먼저 차귀도. 지난번 허탕을 교훈 삼아 일찍
출발했다. 차귀도는 한경면 고산리에 있다. 제주도 정남쪽에 있는
법환에서 좌우로 길쭉한 제주도의 거의 정서쪽까지. 거리로는
37km지만 차로 한 시간이 걸린다. 제주도의 도로는 속도를 내기
어렵게 돼 있다. 지형 탓이 크지만 어린이 보호구역이 많아 시속
30km를 지켜야 하고 노인보호구역이라는 데도 자주 눈에 띈다.
가능한 한 제한속도를 지키려고 하는데 간혹 뒤에 따라오던 차가 참지
못하고 급하게 차선을 바꿔 쌩하고 지나가는 경우가 있다. 어린이
보호구역이 많다는 건 동네에 초등학교와 아이들이 많다는 뜻이니
기쁜 일이다. 차귀도 가는 포구에 차를 세우는 동안 아내가 배편을
알아보러 간다.
"여보, 뛰어야 돼. 배 곧 떠난대."

아내가 큰소리로 외치더니 앞서서 뛰기 시작한다. 나도 뛰었다.
이렇게 달려본 적이 얼마만이지? 맘은 급한데 속도는 안 난다. 헉헉.
배에 오른다. 시간을 확인하니 10시 25분이다. 차귀도는 가깝다.
죽도 선착장에 도착하는 데 정확히 7분 걸렸다. 차귀도라고는 해도
배를 대는 곳은 죽도다. 차귀도는 '죽도', '지실이도', '와도' 등 세
섬으로 구성돼 있다. 한자로는 遮歸島라고 쓴다. 가로막을 차遮,
돌아갈 귀歸, 섬 도島. 옛날 중국 복주福州의 호종단이란 인물이 중국에
대항할 큰 인물이 날 걸 우려해 제주도의 지맥 수맥을 끊고 돌아가는
배에 올랐다. 뱃머리에 매 한 마리가 앉더니 홀연 돌풍이 일어 배를
가라앉혔다. 한라산신인 매가 호종단이 돌아가는 걸 막았다는 뜻에서
'차귀도'라는 이름이 붙었단다.
우리나라 여기저기에 비슷한 전설이 있다. 큰 인물이 날 걸 우려해
혈자리를 끊었다느니 애기 장수를 죽였다느니. 오랜 세월 동안
주변국들의 침략과 지배에 시달려온 백성들의 원망이 거꾸로 이런
류의 전설을 낳지 않았을까. 중국이든 일본이든 주변 나라들을 벌벌
떨게 만들 영웅이 제발 이 땅에도 좀 태어났으면 하고 바라는. 좀
허무맹랑한 얘기지만 옛날 중국인이 탄 배가 차귀도 인근에서 침몰한
적이 있을 수는 있겠다.

죽도에서는 정확히 한 시간 머무를 수 있다. 한 시간이면 정상까지
갔다 내려오는 데 충분하다. 대나무가 많아 죽도라고 했다는데
과연 선착장에 내리자마자 올라야 하는 가파른 오솔길 양쪽이
대숲이다. 가느다란 조릿대篠竹다. 어렸을 때 칼로 다듬어 연의 뼈대를

만들던 그 대나무다. 차귀도에는 이런 조릿대 군집이 서너군데 있었다. 죽도 하니 독도가 생각난다. 우리는 독도獨島라고 하지만 일본인들은 죽도=타케시마竹島라고 한다. 대나무가 하나도 없는 섬을 대나무섬이라고 부른다? 뭔가 이상하다. 독도는 원래부터 한자 이름 독도는 아니었다. 우리말로 부르는 이름이 있었고 나중에 거기에 한자를 갖다 붙였다. 한자로 된 지명의 경우 이런 일은 무수히 많다. 그럼 독도는 애초에 어떤 이름이었을까. '독섬'이 어원이라고 주장하는 언어학자가 있다. 매우 설득력이 있다. 나는 이것이 맞다고 생각한다. 독은 돌의 사투리다. 전라도 경상도에서 돌을 독이라고 한다. 돌로 된 섬. 돌섬=독섬이다. 거기에 누군가 독과 같은 음을 가진 한자, 외로울 독에 섬 도자를 가져다 독도라고 이름했을 것이다. 죽도=타케시마는? 죽도라고 하면 독도와 전혀 다른 섬이 되지만, 타케시마라고 하면 다르다. 타케는 어원이 우리 말 '독'이다. 물론 대나무도 타케다. 독을 일본식으로 발음하면 도쿠다. 타케로 전이하기 쉽다. 시마는 언어학자라면 누구나 인정하듯 한국말 '섬'이 어원이다. 독섬=도쿠시마=타케시마. 충분히 설득력이 있지 않은가. 물론 일본인들은 수긍하지 않는다.

한 그루 대나무도 자라지 않는 돌섬=독섬=독도. 우리가 부르던 이름을 일본인들도 따라서 그렇게 불렀다. 독도는 오랜 옛날부터 우리 땅이다. 이름도 그렇게 말하고 있다.

죽도는 화산섬이다. 외돌개처럼 우뚝 서 있는 장군봉은 마그마가 굳어버린 것이다. 죽도는 장군봉 자리가 폭발해 날린 화산재가 쌓였다.

절벽에 벌건 화산재가 그대로 노출돼 있다. '송이'라고 부르는데 좋은
성분을 방출해 건강에 좋다고 한다. 비자림에 갔을 때 길에 깔아놓은
벌건 흙이 송이였다고 전에 쓴 적이 있다. 죽도를 한 바퀴 도는 길.
대부분 오르막이다. 정상에 올라갔다 내려오면 끝이다. 사진 찍고
구경하면서 걸어도 한 시간이 안 걸린다. 10여 분 일찍 선착장으로
돌아와 배가 출발하길 기다리는 여행객들이 많다. 죽도에는 작고 하얀
등대가 하나 서있다. 옛날 고산리 주민들이 돌과 자재를 지고 날라
직접 세웠다고 한다. 등대가 위치한 곳을 '볼래기동산'이라고 하는데
주민들이 제주도 말로 볼락볼락 숨을 헐떡이며 져날랐다고 해서 그런
이름이 붙었단다. 무인등대인데 어두워지면 자동으로 불이 켜진다.
죽도 초입. '뱀조심'이라는 팻말이 붙어 있다. 제주도 여기저기서
뱀조심이라는 팻말을 본다. 뭍에 비해 고온다습한 기후와 관련이 있을
것이다. 뱀과 관련된 설화가 많은 것은 실제 뱀이 많아서일 것이다.
토산리 본향당 신은 나주 금성산신이었던 구렁이다. 죽도의 부속섬들.
옛날 중국인 호종단을 수장시켰다는 한라산신 매가 큰 바위가 되어
앉아 있다. 앞을 응시하며 여차하면 날아오를 준비 자세를 취하고
있다. 코끼리 바위도 있다. 절벽 아래 지저분한 쓰레기들이 쌓여 있다.
거기까지 손이 미치지 않는 모양이다. 옛날 사람이 살았다는 돌집. 다
무너지고 일부만 남은 시멘트 벽 사이 작은 틈에 뿌리를 내린 식물이
있다. 자세히 보니 찔레나무 같다. "고놈 참 생명력 대단하다." 감탄이
절로 나온다. 전에는 차귀도에 여러 가구가 살았었다고 한다. 이
작은 섬에서. 인간의 생명력도 식물 못지않다. 벽에 붙어 뿌리 내린
찔레나무가 '여기 사람이 살았어요' 하고 증언하는 듯하다. 차귀도에는

다양한 생물종이 분포하고 있어서 천연보호구역으로 지정돼 있다. 선장이 '행여라도 방풍나물 같은 거 채취해선 안 된다'고 경고했다. 죽도 트레킹을 끝낸 여행객들이 모두 배에 오르자 차귀도 섬들을 한 바퀴 돌기 시작한다. 선장이 관광 가이드가 된다. 설명이 유창하다. 죽도 트레킹과 차귀도를 한 바퀴 도는 유람까지 포함해 1인당 1만 6,000원. 리즈너블하다. 허탕쳤던 차귀도를 다시 찾은 보람이 있었다.

허탕친 곳 재방문 두 번째는 대평포구 옆 박수기정이다. 점심으로 피자를 먹기로 했다. '피제리아 3657'. 크고 하얀 유럽풍 건물에 딱 피자 하나만 파는 곳이다. 지난번에 왔다가 허탕쳤다고 했더니, 준비한 도우(dough)가 다 떨어져서 더 이상 피자를 만들 수 없었단다. 메뉴판 리스트 맨 위에 있는 스페셜 피자를 주문한다. 채소가 듬뿍 얹혀진 피자라는 점에 맘이 끌린 때문이다. 밀가루 많이 먹는 게 몸에 안 좋다는 사실을 쬐끔 의식하면서 채소라도 좀 섭취하면 중화되지 않을까 살짝 기대하는 심리도 있다. 커다란 화덕이 그럴싸하다. 이탈리아 남부식 화덕이 저렇게 생긴 건가 보네. 가게에서는 피자 가져다주는 것 말고는 다 셀프서비스다. 피클을 가지러 여러 번 왔다 갔다 했다.

피자 맛은? '아주 맛있다'는 아니다. 피자집에서 차를 빼 박수기정 쪽으로 향한다. 포굿가 주차장에 차들이 가득하다. 화려한 할리 오토바이 세 대. 확 눈길을 끈다. 반짝이는 크롬 파트, 커스텀 핸들, 가죽 시트. 개중에는 '만세핸들'도 있다. 두 팔을 높이 치켜들고 달리는 라이더들을 봤을 것이다. 원래 나온 정품 핸들 대신 바꿔 단 것이다.

피제리아 3657에서 본 대포항과 박수기정 주상절리

흔히 '만세핸들'이라고 하지만 영어로는 ape hanger라고 한다.
'원숭이 옷걸이', 원숭이가 매달리는 핸들이라는 뜻이다. "너무 길어
운전하기 힘들지 않나요?" 하고 묻는 사람들이 있다. 핸들이 높다고
운전이 어려운 건 아니다. 다만 비상시에 신속히 대처하는 데는 좀
어려움이 있을 것이다. '폼 잡느라고 그런 핸들을 일부러 다는 거
아니냐'고 묻는 이들에게는 '원래 오토바이는 상당 부분 폼으로 타는
거'라고 대답한다. 주말의 오토바이 라이딩은 라이더들에겐 축제나
같다. 물론 바이커들(건달 폭력배류 라이더들은 스스로를 바이커라 하고, 아닌

사람들을 라이더라고 부르기도 한다.)은 그런 라이더들을 엽피라이더(yuppie riders)니 선데이라이더(sunday riders)니 하며 비웃지만 오토바이를 건전한 취미로 즐기는 건 이미 견고한 하나의 라이프스타일, 문화가 되었다. 미국의 유명한 데이토나 바이크위크(the Daytona Bike Week)나, 스터지스바이크위크(Sturgis Bike Week) 같은 것들이다. 한국에서도 이런 축제를 얼마든지 기획해서 지역을 프로모션할 수 있을 터인데 안타깝다. 오토바이를 산업으로, 또 문화로 인식하지 못한 결과, 국내 오토바이 시장이 어떤 지경에 놓여 있는지 조금만 관심을 갖고 살펴보면 알 것이다. 택배용 빼고 대배기량 레저용 오토바이는 전부 외제 일색이다. 최근에는 저배기량마저 중국제 대만제에 점령당하고 있다. OECD 국가들 중 우리나라만 오토바이 후진국이다. 포굿가에 대평리 어촌계의 호소문이 걸려 있다. 양심 없는 다이버들이 주민들이 가꾸는 바다에 들어가 몰래 해산물을 채취하고 항의 하는 노인들에게 행패까지 부리는 모양이다.

헉헉거리며 박수기정 위로 올라가는 험한 산길을 걷는다. 대평포구는 해안을 따라 걸어온 올레길 8코스가 끝나고 9코스가 시작되는 지점이다. 9코스 시작과 동시에 가파르고 좁은 오솔길을 한참 올라야 한다. 박수기정은 높이가 100m가 넘는 수직절벽이다. 제주도 말로 '박수'는 '바가지로 퍼마시는 샘물', '기정'은 '절벽'이란 뜻이란다. 박수기정은 바가지로 떠 마시는 샘물이 있는 절벽이다. 다 오르니 왼쪽에 너른 비닐하우스, 오른쪽은 잘 갈아놓은 밭이다. 박수기정 정상에 이런 넓은 밭이 있다니. 아래서는 전혀 상상이 안 됐다. 뒤돌아 올라온 쪽을 보니 깊은 계곡이 바다로 이어지고 있다. 계곡 건너편에는 근사한 집들이 들어서 있다. 그 뒤로 오름이 솟아 있다. 대평리를 뒤에서 엄호하고 있는 '굴메오름', 군산이다. 그 옆을 흐르는 계곡은 창고내倉川다. 군산에 관한 전설이 있는데, 아주 오랜 옛날에는 지금 자리에 군산이 없었다. 지금의 창천리 같은 큰 마을도 없었고, 겨우 10여 호 정도의 작은 동네가 있었을 뿐이다. 학문이 높은 강씨라는 훈장이 제자들을 모아 글을 가르치는데, 어느 날 방안에서 '하늘 천 누를 황' 하면 밖에서도 그대로 따라 읽는 소리가 들렸다. 문을 열어 확인하면 아무도 없었다. 3년이나 같은 일이 계속되었다. 어느 날 밤 잠결에 한 젊은이가 찾아와 말했다. 스스로를 용왕의 아들이라 칭하며, '지난 3년 스승님한테 글 잘 배웠다, 이제 고향으로 돌아가니 뭐든 원하시는 바를 말씀해보시라'고 했다. 선생은 '부족한 게 없다'고 답했다. 용왕 아들은 글 가르치실 때 큰 비가 오면 냇물 소리가 시끄러워 지장이 있다고 하셨는데, 그걸 해결해드리겠다고 말했다. 용왕 아들은 자기가 돌아간 후 7일 동안 풍운조화가 일어날 것이니 방문을 꼭 닫고 절대 바깥을 내다보지 말라 일렀다. 뇌성벽력이 7일간 계속됐다. 궁금증을 못 참고 바깥을 내다본 순간 불티가 날아들어 선생의 한쪽 눈이 까져버렸다. 여드레째가 되니 천지가 고요해졌다. 마을에 없던 산이 하나 생겼다. 새로 생긴 산 때문에 큰 비만 오면 시끄럽던 창고내는 건너편으로 자리를 이동했다. 그 후로 글방은 큰 비가 와도 조용했다. 군산軍山이라는 이름은 모양새가 군막을 쳐놓은 것 같다고 해서 붙었다.

박수기정 정상부 입구. 비닐하우스 쪽으로 가느다란 오솔길이 보일
듯 말 듯 숨어 있다. 올레길 팻말은 오른쪽을 가리키고 있다. 이상하다.
바닷가에서 떨어진 길이네. 검색했을 땐 절벽 아래 경치를 내려다보는
좋은 위치에 쉬어갈 벤치도 놓여 있던데. 비닐하우스를 지나자마자
왼쪽에 야자수밭이 있다. 비닐하우스와 야자수밭 사이로 길이 있다.
이 길로 가도 되는 거 아닌가. 한참을 걸어간다. 이 길이 바닷가를
걷는 길일 거야. 그런데, 큰 팻말이 가로막고 있다. '사유지 출입금지
개조심'이라고 크게 써놓았다. 엥? 길이 없나보네. 되돌아 나온다.
너른 밭이 왼쪽에 펼쳐져 있다. 오른쪽엔 귤밭이다. 귤나무들은
관리를 하는 낌새가 없이 방치된 느낌이다. 계속 걷는다. 산길이다.
혹시라도 바닷 쪽으로 가는 길 없나 하고 보면 사유지 출입금지
팻말이 붙어 있다. 거참, 올레길 9코스는 별로네. 멀리 산방산이
보이는 곳까지 왔다. 화순금모래해변이 앞이다. 왼쪽으로는 급하게
내려가는 길이고 오른쪽으로 작은 오솔길이 나 있다. 올레길 표지는
작은 오솔길을 가리키고 있다. 길가에 작은 트럭 한 대가 주차하더니
여성이 먼저 내린다.

"왜 바닷가쪽으로 가는 길이 전부 막혀 있지요?" 하고 묻는다.

"아, 그거요. 여그 땅주인들이 전부 막아부렀수다."

뒤따라 내린 남자가 대답한다. 칠순은 넘은 것 같다. 서서 나눈 짧은
대화를 통해 알게 된 내용이다. 남자는 이 밭을 경작하는 소작농이다.
원래 제주 사람인데 외지에 나가 있다가 20년 전에 돌아왔다. 다른
일을 하다가 13년전부터 농사를 짓기 시작했다. 땅주인은 이곳
박수기정 정상부 땅 4만 평을 소유하고 있는 서울사람이다. 자신은 그

창천리 감귤농장
2021 │ 판타블로(캔버스+아크릴) │ 24.3x19.1cm

중 경작 가능한 2만 평을 빌려 양파 양배추 브로콜리 감자 같은 작물을
기른다. 친환경농산물로 인정받아 경기도 학교급식으로 공급한다.
서울 양재동 하나로마트에서도 팔고, 현대 롯데 백화점에도 낸다.
그런대로 괜찮아서 아들 보고 이어 받아 하게 하고 자신은 아내랑
설렁설렁 돕는다.

"작년 말까정은 바닷가로 댕길 수 있었는디 올해부터는 못 다니게
주인들이 막아부렀수다. 해안가 올레길이 경치도 좋고 해서 사람들이
하루 400명도 넘게 왔는디 지금은 그 반도 안 오지 뭡니까. 사람들이
많이 오면 땅값도 올라가고 좋을 텐디, 그런 거 상관없는 거 같아요."
"그러게요. 밭 가운데로 지나가는 것도 아니고 옛날부터 있었던

오솔길로 다니는 것인데."

"귤나무도 내버려두는 통에 보기가 싫게 돼야부렀습니다. 귤농사는 안하더라도 관리라도 잘 해주면 보기에도 좋을 텐데."

그러고 보니 방치된 느낌의 귤밭도 서울사람 것인 모양이다. 넓은 제주도 땅을 사놓고 그냥 내버려두고 있는 사람들. 땅값 오르기를 기다리고 있는 건지 모를 일이나 올레길까지 막아버린 건 너무했다.

"저짝으로 가면 바닷가길로 갈 수 있어요."

눈에 잘 안 띄지만 수풀 사이로 좁은 오솔길이 있다. 막아놓지 않았다. 그새 자라 앞길을 막는 수풀을 헤치고 한참을 걸어 들어가자 박수기정 아래, 파노라마처럼 펼쳐지는 절경. 그래, 바로 이거지. 바로 아래 대평포구, 피자를 먹은 피제리아 3657, 돌메오름, 깊은 계곡… 전에 다녀갔던 사람들이 남겨 놓은 사진에서처럼 벤치와 평상이 놓여 있는 곳. 한 부부가 앉아 쉬고 있다. 지금 상태라면 올레길 9코스는 가장 짧고 재미없는 길이다. 올레길 9코스가 원래 모습을 회복할 수 있기를 바란다. 더불어 지자체에서는 아무리 땅주인들이 그렇더라도 설득을 하든 사용료를 주든 9코스의 핵심을 다시 올레객들에게 돌려주는 노력을 해야 하지 않겠는가.

석부작, 엉뚱한 폭포
그리고 제주도에 정착한 부부

법환에서 이어도로를 타고 동쪽으로 달리다 일주동로로 갈아타고
잠시만 더 가면 오른 쪽에 '석부작박물관'이 있다. 그 앞을 지날
때마다 이름 참 특이하다고 생각했다. 석부작박물관은 법환 거처에서
2.7킬로밖에 안 되는 거리다.

석부작石附作은 돌에 식물을 활착시켜 만든 작품이란 뜻이다. 최근
취미로 즐기는 사람들이 많다고 한다. 온실 안에 수많은 석부작이
진열돼 있다. 제주도의 자연석을 사용하여, 이끼, 풍란, 천사의 눈물 등
다양한 식물을 착근시켰다. 돌과 식물이 하나로 어우러진 작품들이
예쁘고 신기하다. 가을에 여기저기 지자체에서 많이 하는 국화축제에
출품된 국화 석부작들 보신 적이 있을 것이다. 국화나 철쭉 같은 것도
돌에 붙여 작품으로 만드는데 난이도가 높단다.

주인이 20년 넘게 가꿨다는 정원에는 각종 나무들과 화초들이
가득한데, 구경하는 길을 말 그대로 구절양장으로 만들어놨다.

중문 이어도 가는 길
2021 | 판타블로(캔버스+아크릴) | 19.1x24.3cm

정원에서는 한라산이 시원하게 보인다. 한라산 아래 왼쪽, 서귀포 신도시 뒤에, 볼록 솟아오른 작은 산이 하나 있다. 고근산이다. 정상에 작은 원형 분화구가 있는데, 한라산 꼭대기를 베고 누운 설문대할망이 엉덩이는 고근산 분화구(굼부리)에 두고 두 발은 범섬에 걸친 채 물장구를 쳤다는 전설이 있다. 정원 구경이 끝나는 지점에 카페가 있다. 유리창을 통해 내다보는 바깥 경치가 근사하다. 바깥에 놓인 테이블에 앉아 커피 한 잔과 감귤스콘을 먹는다. 석부작박물관은 석부작 실내전시관, 야외 정원, 카페, 펜션 등으로 이루어진 농업형 관광휴양컴플렉스라 할 수 있겠다. 입장료는 1인당 6,000원이고, 안에 있는 카페에서 커피나 빵을 사먹으면 20% 할인해 준다. 주말인 걸 감안하면 입장객들이 많다고 할 수 없다. 이 정도 시설을 관리하려면 비용이 꽤나 많이 들 텐데… 주제넘은 걱정이다. 정원 한 켠에 근사한 저택이 있다. 대문 앞에 고급 승용차도 몇 대 주차돼 있다. 개인 집이니 외부인은 출입금지라는 경고문이 붙어 있다. 석부작박물관 주인 집인 듯하다.

다음 목적지는 '엉또폭포'다. 제주도에는 참 재미있는 지명들이 많다. 제주도 말이 워낙 뭍의 말과 달라서 신기하게 들리는 것일 테지만. '엉'은 제주도말로 '작은 바위그늘' '혹은 집보다 작은 굴', 또는 '입구'라는 뜻이다. 엉또폭포는 석부작 박물관에서 멀지 않다. 주차장에 차를 세우고 나무데크로 만든 길을 따라가면 나무로 된 가파른 계단이 나온다. 계단을 끝까지 올라가면 바로 앞에 거대한 절벽을 마주하게 된다. 엉또폭포다. 엉또폭포는 비가 와야 폭포지

평소엔 그저 높은 절벽이다. 70mm 이상 비가 내리면 50m터 높이의 절벽이 폭포로 변한다. 뭔가 근사한 전설이 있을 법한데 못 들어 봤다. 대신 원나라가 숨겨놓은 금은보화에 관한 전설은 있다. 원나라 말기. 기황후의 남편인 순제는 1367년 제주도에 피난궁을 짓기로 하고 금은보화를 제주도로 옮겨 숨겼다. 1369년 원나라 황실이 명나라한테 쫓겨 몽골초원으로 물러가는 바람에 피난궁 건립 계획은 무산되었지만 금은보화는 남았다. 추정컨대 엉또폭포 주변이 유력하다는 것이다. 믿거나 말거나다.

엉또폭포 근처에 '무인카페'라 쓰인 건물이 있다. 안으로 들어가보니 뜨거운 물이 나오는 물통, 인스턴트 커피, 과자류, 유자차 같은 것들이 놓여 있다. 마시거나 먹고 싶은 사람은 돈통에 1,000원을 넣고 직접 만들어 먹으면 된다. 집 뒤에는 멀리 마라도까지 볼 수 있다는 전망대가 있다. 무인카페 안 사방 벽에 잔뜩 포스트잇이 붙어 있다. 다녀간 사람들이 적어서 붙여놓은 글들이다. 무인카페 주인한테 감사하다는 글, 연인들의 사랑 고백, 가족들의 안녕과 행복을 비는 글 등등. 무인카페가 있는 집 이름은 '엉또산장' 또는 '석가려夕佳廬'라고 한단다. '해질 녘 더 아름다운 오두막'이라고 매직으로 크게 써놨다. 려廬는 농막집이다. 그러고 보니 폭포에 더 가까운 쪽에 있는 작은 정자 이름이 비슷하다. 석가정夕佳亭. '해질 녘이 더 아름다운 정자'라는 뜻이겠다. 석가夕佳라는 말은 원래 도연명의 시 음주飲酒에 나오는 말이란다.

산빛은 해질 녘 더 아름답고   山氣日夕佳

떠돌던 새들도 무리지어 돌아오네   飛鳥相與還

석가정에 앉아 점심을 먹는다. 오는 길에 사온 김밥이다. 엉또폭포.
비가 오지 않으니 그냥 절벽인 이곳을 찾는 이들은 거의 없다. 멀리
바다가 보이는 정자. 들리는 건 오직 새 소리 바람소리 뿐이다. 봄
소풍 온 기분이다. 두 시가 가까운 시각. 조금 더 정자에서 쉬고 싶다.
가능하다면 해질녘에 다시 한 번 와서 석양을 보고 싶다. 해질 무렵의
석가정, 엉또폭포는 어떤 분위기일지.

문득 '중국에도 비슷한 이름이 있는 곳이 있는데'하는 생각을
했다. 석가장石家庄이다. 하북성 하북평원에 있는 석가장은 우리가
태산이라고 부르는 태항산이 있는 도시고, 삼국시대의 영웅 조자룡이
태어난 곳이다. 태산=태항산은 우공이산의 고사가 있고, '태산이
높다 하되 하늘 아래…' 하는 우리 시조가 있고, 중국 인민해방군에
편제된 조선의용군이 일본군에 맞서 싸운 곳이다. 한국 발음이 석가정,
석가장이지 중국 발음으로는 전혀 다르다. 앞의 것은 시쟈팅, 뒤의
것은 스자좡. 또 엉뚱한 데로 얘기가 튄다.

다음 목적지를 내비에 입력한다. 엉또폭포에서 정명숙 프로듀서의
집이 있는 도순동 수키하우스까지는 채 10분도 걸리지 않는다.
마른 담쟁이 넝쿨이 붙어 있는 시멘트벽에 '수키하우스 낮은 언덕
사진관'이라고 쓰여 있다. 철대문이 달린 너른 마당을 가진 집 문을
열고 들어간다. 봄햇살이 마당 한가득 쏟아지고 있다. 편안하고

포근하다. 바다가 보이는 것도 아니고 나무숲에 둘러싸인 집도 아닌
동네 한가운데 자리한 그냥 평범한 제주도 집이다.
"아이구, 오셨어요?"
정명숙 씨가 반갑게 인사한다.
"안으로 들어오셔요." 집안에서 남자가 나온다. 안경을 쓰고 긴
머리를 한 박중일 씨다. 정명숙 씨는 방송작가를 하다가 영화계로
옮겨 임상수, 김기덕 감독의 조감독을 했고, 지금은 영화 시나리오를
쓰고, 극영화와 다큐영화를 기획 제작하면서 문화 기획 및 컨설팅
일을 하고 있다. 관광공사의 지원을 받아 많은 지자체의 관광
프로그램을 기획하고 컨설팅을 해주었다. 박중일 씨는 사진작가다.

제주 남원리 주택
2021 | 판타블로(캔버스+아크릴) | 41X53cm

주로 상업사진을 찍는다. 두 사람은 9년 연애하다 1년 전 결혼했다.
연애는 하면서도 딱히 결혼할 생각은 없었는데, 정명숙 씨 아버지의
갑작스런 병환이 계기가 됐다. 팔순의 연세에도 건강하던 아버지가
어느 날 대장암이 발병했다. 나이가 쉰에 가깝도록 혼자 사는 딸에게
평생 결혼하라는 말씀은 안 하셨지만 틀림없이 혼자 살아갈 딸 걱정에
만약의 경우 편히 돌아가시지 못할 수도 있겠다는 생각이 들어 오랜
남자 친구 박중일 씨한테 결혼하자고 했더니 바로 그러자고 했다.
9년의 연애 기간 동안 한 번도 싸운 적이 없을 정도로 좋은 사이였다.
아버지는 수술을 받았는데 지금은 예전의 건강을 되찾았다고
한다. 주된 일터인 서울에도 거처가 있어야 하지만 집은 제주도에
마련하기로 했다. 상당 기간 별채를 빌려 생활했던 현재의 집을
통째로 빌렸다. 사고 싶었지만 주인이 팔려고 하지 않았다. 제주도에
흔한 년세로 1년에 700만 원 정도 낸다. 생활하는 본채, 민박으로
빌려주는 별채, 사진작업실로 쓰는 창고. 이렇게 세 동의 건물에
넓은 마당. 다 합해서 190평 정도 되는 넉넉한 집의 임차료치고는
싼 편이다. 곧 새로 계약할 때 20년 장기 계약을 할 생각이다. 올해
나이 쉰이니 20년 후면 70이다. 그때쯤이면 노쇠할 테니 병원 가까운
대도시로 이사할 생각이다. 박중일 씨가 커피를 내려 내온다. 거실
마루에 앉아 주로 정명숙 씨 얘기를 듣는다.

매주 월요일 아침 비행기로 서울로 올라가는 정명숙 씨는 다큐
영화 '카일라스 가는 길' 3부작을 프로듀싱하고, '무스탕 가는 길'을
제작했고, 영화 '섬'의 대본을 썼고, '해부학 교실'의 조감독을 했고,

제주 남원리 가옥
2021 | 판타블로(캔버스+아크릴) | 112.1X162.2cm

'처녀들의 저녁식사' 대본 작업에 참여하고 단역으로 출연했다. 현재
서울시 국제홍보일을 맡아 하고 있고, 극영화 시나리오를 다듬고
있고, KCA(전파진흥원)의 지원을 받은 다큐멘터리를 마무리하는
중이다. '큰 까마귀의 땅을 찾아서'라는 작품인데 알래스카 원주민들의
자연을 존중하며 자연과 더불어 사는 삶에 관한 이야기다. 다큐
영화지만 TV로 방송해줄 데를 찾고 있었다. 서울이든 지역사 어디든
상관없다고 해서 바로 연결해줬다. 별채는 민박으로 빌려주고 있다.
정식 민박업소로 등록도 했다. 아는 지인들이 많이 와서 묵고 간다.
'수키하우스'라고 카카오맵에 쳐보면 나온다. 서귀포시 도순남로
29. 이야기꽃을 피우다 보니 어느 새 시간이 많이 흘렀다. 아쉽지만

일어서야 할 시간이다. 마당을 가득 채우고 있는 햇볕이 따뜻해
가슴이 뻥 뚫리는 기분. 서울에서는 느낄 수 없는 맛이다.

오늘 걸은 거리가 충분치 않아 올레길을 좀 더 걷다가 귀가하기로
한다. 목적지는 남원 '큰엉해안경승지'. 내비를 쳐보니 수키하우스에서
40여분이 걸린다고 나온다. 거리상으로는 멀다는 느낌이 없어도 실제
주행시간은 상당히 걸린다. 속도를 내기 어려운 제주도 도로의 특성
때문이다. 큰엉해안경승지에 도착하니 다섯 시가 넘었다. 일몰까지는
두 시간 가까이 남아 있지만 쌀쌀한 것이 벌써 저녁 기운이 느껴진다.
그래도 주차장에는 차들이 빽빽하고 관광객들이 적지 않다. 설명문에
의하면, 큰엉은 남원 구럼비부터 서쪽으로 황토개까지 2.2km에
이르는 해안 절벽 한가운데 뚫려 있는 큰 동굴이다. 엉은 바닷가나
절벽 등에 뚫린 바위그늘(언덕)을 말한다. 그런데 바위그늘 괄호 치고
언덕? 바위그늘이 언덕이란 뜻인가? 읽어도 무슨 소린지 모르겠다.
그 앞의 문장도 깔끔하지 않다. 도대체 관광지 안내판의 한글 문장은
누가 짓는지, 지리멸렬한 비문이 적지 않다. 전문가에 맡겨 제대로
감수를 받은 다음 안내판에 옮겨야 한다.
남원포구에서 쇠소깍에 이르는 올레길 5코스에 포함된
큰엉해안경승지의 바닷가길은 과연 훌륭하다. 금호리조트가
자리잡고 있는 이유를 알겠다. 영화배우 신영균 씨가 만든
신영영화박물관도 가까이 있다. 실은 큰엉해안경승지는
신영영화박물관의 사유지로 관광객들을 위해 개방해주는 것이란다.
박수기정 정상부의 올레길을 사유지라고 해서 막아버린 땅주인들과

대비된다. 바닷가엔 나무들이 무성하다. 군데군데 길 양쪽의
나뭇가지들이 휘어져 터널을 이루고 있다. 그 안을 걷는 기분이 자못
신선하다. 한 군데에 이르자 한 떼의 사람들이 긴 줄을 이루고 서 있다.
줄 맨 앞 남녀 둘이 땅에 엎드려 포즈를 취하고 있고 한 사람이 엎드린
남녀를 향해 휴대폰을 겨냥하고 있다. 긴 줄은 사진 찍을 차례를
기다리는 사람들이다.

"뭘 찍는 거예요?" 하고 물었더니 "한반도요." 한다. 줄 뒤쪽으로 가서
줄 앞쪽을 바라보니 나뭇가지들이 만든 터널의 끝이 과연 한반도
모양으로 돼 있다. 전에 걸었던 소노캄제주 앞 작은 숲. 나뭇가지들이
하트 모양을 만들고 있고 젊은이들이 사진 찍을 차례를 기다리고

남원 감귤공장
2021 | 판타블로(캔버스+아크릴) | 25.6x18cm

있었다. SNS 덕에 어디에 사진 찍기 좋은, 예쁘거나 재밌거나 신기하거나 한 뭔가가 있다고 소문만 나면 전국에서 사람들이 몰려 온다. 그런 데만 찾아다니는 사람들이 적지 않다. 바닷가 절벽에는 호랑이머리를 닮은 호두암, 여성의 젖가슴을 닮은 유두암, 매부리코를 한 인디언추장얼굴바위도 있다. 관광객들을 끌어들이고 보는 재미를 선사하기 위해 뭔가와 닮은 바위들을 더 찾아내 이름을 붙이는 건 잘하는 일이다. 또 제주도에 전하는 많은 전설, 설화 중 어느 것 하나라도 관련된 곳이라면 그것도 적극 활용할 필요가 있다. 큰엉해안경승지에서 바라보는 일몰이 장관이라는 얘기를 들은지라 해가 질 때까지 기다려볼까, 잠시 생각했지만 그만두기로 한다. 낮에는 더울 정도였는데, 저녁 바닷바람이 몰고 오는 냉기가 심상치 않다. 겉옷을 단단히 여미는데도 찬 기운이 속으로 파고든다. 몸이 으슬으슬 떨린다. 잘못해서 정상 체온을 넘기라도 하면 코로나 의심환자로 의심 받을텐데… 하는 걱정이 된다. 차를 몰고 법환의 집으로 돌아가는 길. 서귀포 매일올레시장에 들른다. 전에 갔을 때 사람들이 줄을 서 있던 순대 오뎅 김밥집에서 오뎅 두 꼬치와 순대 일인 분으로 간단히 저녁을 때운다. 열심히 돌아다닌 하루가 또 지나간다.

올레시장 골목
2021 | 판타블로(캔버스+아크릴) | 17.9X25.8cm

몰입형 미디어아트극장 '빛의 벙커'

BBC서울지국에서 일하는 배원정 PD의 제주도 부모님 댁을
방문하기로 한 날이다. 군 장성으로 퇴역한 아버지와 어머니는
제주도에 정착해 산 지 16년째라고 했다. 배원정 PD는 중국 청뚜에서
열린 '국제 다큐멘터리 피칭' 현장에서 알게 됐다. '피칭'이란 세계
여러 나라 전문가들로 구성된 심사위원단 앞에서 기획하거나 제작
중인 다큐멘터리를 제한된 짧은 시간 내에 소개하는 것으로 입상하면
제작지원비도 탈 수 있고, 세계 방송사들이나 제작사들로부터 투자를
받거나 공동제작 파트너를 구할 수도 있다. 영어가 짧은 참가자는
준비해온 PPT를 서툰 영어로 읽다가 무대를 내려오는 경우가
흔한데, 한국에서 참여한 한 참가자가 확 눈길을 끌었다. 피칭 작품은
'왕초와 용가리'였다. 배원정 PD가 마이크를 들고 무대 한 가운데
앞쪽으로 뚜벅뚜벅 걸어나오더니 큰 목소리와 유창한 영어로 좌악
작품을 설명한다. 대단한 임팩트다. 알고 보니 대학을 졸업하고

미국으로 유학 가서 영화를 공부한 후 시카고의 프로덕션에서 일한 경력이 있었다. 여러 해 동안 알자지라에서 방송되는 시사프로그램을 제작했는데 제작사 오너가 돈을 잘 안줘서 항의했다가 사이가 틀어졌다. 한국에서도 국제공동제작이 활발해질 것이니 나 같은 PD가 필요한 때가 되지 않았을까 하는 기대로 귀국했다. 한국 다큐멘터리 여러 작품을 국제 무대에서 피칭하고, 직접 국제 공동제작에 참여해 연출도 하고 프로듀싱도 했다. 작품의 국제 피칭 성과도 좋았다. 그러나 현실은 먹고 살 정도의 수입밖에 없었다. BBC 서울지국에 취직했다. 특파원의 취재를 돕고, 기획하고, 현장 취재를 나간다. 컬럼비아칼리지 영화과 대학원 재학 시절 만든 단편 다큐멘터리 '베라 클레멘트 : 블런트 엣지(Vera Klement : Blunt Edge)'로 학생아카데미상, 전미감독협회상, 뉴욕퀸즈영화제 등에서 수상했다. 베라 클레멘트는 1970~80년대 시카고 여성주의 운동의 중심이고, 40년 넘게 시카고대학에서 가르친 예술가였다. 여든 살이 된 그녀가 자신의 삶을 회고하는 다큐멘터리였다. 촉망받는 젊은 다큐멘터리 감독 배원정 PD는 미혼이다. 좋은 배필이 있으면 언제든 사귀고 결혼할 마음이 있다. 일에 바빠, 혹은 이런저런 사정으로 아직 결혼 안 한 좋은 총각 어디 없을까.

배 PD 부모님 댁은 애월읍 유수암리에 있다. 제주도의 오래된 마을 중 하나로 동네에 수백 년 된 아름드리 퐁낭(팽나무)들이 많다. 처음 땅을 살 때 유수암(흐르는 물 바위)이란 이름을 보고 틀림없이 물이 좋을 것이고 경치가 좋을 것이라 생각했는데 과연 그대로였다. 땅을 사려하자 부동산에서 '그 터는 기가 세서 웬만한 사람은 못살 텐데'했단다.
'우린 상관없다'고 하고 사서 16년간 아무 일 없이 잘 살고 있다.
동네사람들은 '군인이라 기가 센 모양이네'라고 한단다. 마을에서 약간
떨어진 곳에 자리한 집. 대문이 없다. 처음 집을 지을 때는 마을 전체가
대문이 없었는데, 지금은 다들 대문을 달고 부모님댁만 그대로란다.
그새 다들 부자가 됐는지 지켜야 할 것이 많아졌다는 뜻일 게다.

배 PD 부모님댁 정원은 나무와 꽃들이 적당히 자리를 잡아 예쁘고
깔끔하다. 큰 두 그루 목련나무 아래 황매화꽃이 가득하다. 집 전체에
밝고 화사한 기운이 감돈다.
집은 구조가 간단하다. 거실에 방 하나, 거실에서 계단으로 올라가는
다락방처럼 생긴 공간이 있다. 아버지가 쓰는 서재다. 아버지는 37년
군생활을 하다 퇴역했다. 최전방인 백령도에서 오래 근무했다. 영어를
잘 해 한미연합사에서도 근무했다. 고등학교 시절. 학교에 특강 온
해군이 멋있어서 해군사관학교를 졸업하고 해병대를 지원했다.
대부분의 가구는 아버지가 만든 것이다. 취미로 배운 목공기술이
프로 수준이다. 집 뒤에 목공실이 있다. 벽에 걸린 먹으로 그린 긴
족자와 조각 작품들은 어머니 작품들이다. 대학에서 미술을 전공했다.
유리창밖으로 정원이 내다보인다. 눈과 마음이 정화되는 느낌이다.
37년 군인으로 살았던 아버지는 차분하고 과묵한 성격인 듯하고
어머니는 활달하고, 여장부 스타일이다. 아버지는 광주 사람인데
어머니는 부산 사람이다. 옛날엔 흔치 않은 커플이라 사연이 궁금했다.
아버지가 포항에서 해병대 장교로 근무할 때 대대장 친구가 어머니

오빠여서 대대장이 중매를 했단다. 부모님은 조만간 이 집을 떠날 예정이다. 칠십이 되니 집안 일이 힘에 부치고, 두 사람만 사는 생활이 점점 더 외롭다. 그래서 전북 고창에 실버타운이 있어 그리 옮길 예정이다. 병원이 두 개나 있고 골프장이 있고 각종 취미생활을 할 수 있는 시설들이 있고 음식도 나오고 비슷한 또래의 사람들이 있어 외롭지도 않을 거란다. 대도시에서만 살아온 사람들에게 지역 정착은 역시 쉽지 않은 일이다.

점심 식사 후 함께 항몽유적지를 둘러보고 '여기 왔으면 꼭 먹어봐야 한다'는 팥빙수 집에 들렀다. '카페 애월 맛차' 카페 뒤 너른 녹차밭에서 직접 재배한 찻잎으로 만든 가루차와 손수 끓인 팥으로 만든 가루차팥빙수. 과연 맛있었다.
"한 번도 안 온 사람은 있어도 한 번 온 사람은 없대요."
'맛차'는 '맛있는 차'라는 뜻으로 읽히지만 일본어 발음으로 보면 가루차抹茶(맛챠)라는 뜻이다. 알고서 그렇게 붙였을 것이다. 점심에, 항몽유적지 안내에, 팥빙수에 배 PD 부모님으로부터 융숭한 대접을 받았다. 사람의 인연이란 묘한 것이다. 어떤 사람이든 언제나 마음을 열고 따뜻하게 대할 일이다. 작은 인연이라도 소중하게 여기고 지켜갈 일이다. 보통 사람이니 원수까지 사랑할 수는 없을지라도 남녀노소, 직업, 학력 상관없이 모든 사람에게 늘 상냥하고 친절하게 대하는 것. 스스로의 인생을 풍요롭게 하는 길이다.

애월읍 '아르떼뮤지엄'. 애월읍 어음리에 있다. 사실은 성산에 있는

하광로 파란집
2021 | 판타블로(캔버스+아크릴) | 25.8x17.9cm

'빛의 벙커'를 다시 가고 싶었는데 지난번에 갔더니 휴관이었다.
오랫동안 고흐전을 하다가 새로운 작품으로 교체하는 중이었다.
오월이 돼야 새로 문을 연다고 했다. 제주도를 떠나기 전에 새
작품전을 보기는 힘들 것 같다. '빛의 벙커'는 2018년 11월 성산에
문을 연 최초의 몰입형 미디어아트극장이다. 원래 국제 통신용
해저케이블의 제주도쪽 터미널로 사용되던 벙커였는데 용도 폐기돼
빈 채로 버려져 있던 것을 디지털미디어아트뮤지엄으로 개조했다는
설명을 들었다. 통신쪽 사업을 해 돈을 많이 번 사업가가 파리에서
보고 이거다 싶어 장소를 물색하다 이 벙커를 발견했다 한다.
벙커라는 이름답게 눈에 잘 안 띄게 나무들이 있는 산 밑을 깊이 파
튼튼하게 시멘트로 시공한 900여평의 공간. 들어가는 문 빼고는
빛이 들어갈 수 없는, 지상이지만 지하나 마찬가지인 공간을 온통
찬란한 빛으로 채웠다. 오프닝 전시는 구스타프 클림트와 에곤 쉴레
등 오스트리아 표현파 화가들 작품이었다. 극장 안으로 들어선 순간
웅장한 음악과 함께 360도 현란한 미디어아트가 상영되고 있었다.
우와아. 경험해보지 못한 감동이었다. 중간중간 서 있는 기둥들, 천장,
벽, 바닥. 상하좌우. 살아 움직이는 그림들, 딱 들어맞는 배경음악.
'빛의 벙커'는 클림트와 그를 이어받은 에곤쉴레의 그림들, 퇴폐적까진
아니나 선정적이고 극단적으로 화려한 명화들을 미디어아트로
만들어냄으로써 새로운 부가가치를 창조해내고 있는 현장이었다.
'빛의 벙커'는 도저히 그런 게 있을 것 같지 않은 곳, 좁은 길을 따라
구불구불 운전해 찾아가야 하는 곳에 있다. 원래 벙커가 거기 있었기
때문에 거기 들어선 것일 뿐 다른 지역에도 얼마든지 비슷한 시설을

만들 수 있겠다 생각했다.

그런데, 생겼다. 원래 있던 스피커 제조공장을 개조해 만든
'아르떼뮤지엄'. 옆에 있는 냉동물류창고와 똑같이 생긴 1,400평짜리
창고가 2020년 9월 미디어아트뮤지엄으로 재탄생한 것이다. 영업
시작 10분 전쯤 도착했는데도 주차장엔 차들이 여러 대 있었고
사람들이 줄을 서기 시작했다. 일요일인 것도 있고, 코로나 걱정
때문이기도 하고. 무엇보다 사람이 적은 이른 시간에 한가하게
구경하고 싶어서일 것이다. 사방에서 등꽃들이 쏟아지고, 폭포가
떨어지고, 파도가 밀려오고, 밀림 속 동물들이 걸어오다 숲과 같은
색이 되어 사라지고. 중세 유럽의 벽화들, 고흐와 밀레의 그림이
방안에 세워진 칸막이들, 사방의 벽 위에 투사되고 있다. 이어서
제주의 자연을 테마로 한 영상이 방 전체를 가득 채운다. 성산일출봉,
박수기정처럼 가본 곳도 있고 아닌 데도 나온다. 살아 움직이는 빛과
소리의 매직, 디지털미디어아트 감상은 다른 장르의 예술에서 느낄
수 없는 몰입감과 감동을 경험하게 한다. 긴 데스크 앞뒤로 열심히
그림을 그리는 사람들이 있다. 주로 아이들이고 같이 온 부모들도
있다. 앞에 놓인 색연필로 그린 그림을 슬라이드 투사기 위에 놓으면
컴퓨터가 읽어 들여 벽의 스크린에 비친다. 스틸로 그린 그림들인데,
스크린에서는 움직인다. 자기가 그린 그림이 살아움직이며 왼쪽에서
오른쪽으로, 또 반대로 왔다 갔다 하는 걸 보는 즐거움. 어른들도
신기한데 아이들은 더 할 것이다. 좋은 교육이 되겠다.
관람 코스의 마지막엔 기념품 매장이 있다. 상영된 작품들을 소재로

한 여러 소품들, 제주의 다양한 기념품들이 다시 한 번 관람객들을
붙든다. 빛의 벙커도 같은 구조인데, 다만 벙커를 나오면 커다란
카페가 있었다. 이름이 커피박물관이었던가. 아르떼뮤지엄엔 없다.
관람 코스 마지막에 차를 파는 곳이 있긴 한데 캄캄한 카페에 앉아
차를 마실 기분은 들지 않는다. 계속해서 사람들이 입장한다. 햇살이
폭포처럼 쏟아지는 바깥 주차장에 어느 새 차들이 빽빽하다.

법환에서 제주 쪽으로 넘어갈 때 타게 되는 1135호선 지방도
'평화로'. 제주도에서 보기 드문 쭉 뻗은 도로다. 구간단속 지역이
있어 시점과 종점에 카메라가 설치돼 있고, 시점과 종점 통과 시간을
계산하여 평균주행 속도도 단속한다. 이 도로를 달리면서 보면
크게 영어로 '코비드-19 아웃(COVID-19 OUT)'이라고 쓰여 있는
민둥산이 '새별오름'이다. 거대한 고분 같은 오름은 주변의 비슷한
오름들 중에서도 유독 우뚝 솟아 있다. 입구에 '새별오름'이란
이름이 새겨진 돌, 들불놀이 사진이 들어 있는 입간판이 서있다.
오름 앞 넓은 주차장에는 많은 차들로 가득 찼고, 줄을 이루며 왼쪽
경사면을 오르는 사람들이 보인다. 30분이면 오름 정상에 올랐다가
내려오는 트레킹 코스를 완주할 수 있다. 해발 519.3m라지만 오름
밑에서 꼭대기까지는 119m다. 밤하늘에 홀로 빛나는 샛별 같다고
해서 '새별오름'이라는 예쁜 이름이 붙었다. 복합형화산체고 어떻고
하는 정보는 검색해보면 다 나온다. 왼쪽에 난 길을 올라간다.
야자수매트가 깔려 있고 그 위에 굵은 밧줄이 일정한 간격으로 가로로
박혀 있다. 미끄럼 방지용이다. 그만큼 경사가 급하다. 길 오른쪽에

설치해놓은 울타리의 밧줄을 잡고 올라가는데 힘들다. 오름 중간 중간
소화전이 설치돼 있다. 대형 불놀이를 하는 곳인지라 화재로 번지지
않도록 대비해서일 것이다. 드디어 정상. 비석 앞에서 사진을 찍는
사람들, 바닥에 주저앉아 아래를 내려다보며 쉬는 사람들. 사방에
툭 트인 광활한 대지, 군데군데 불쑥불쑥 솟아 오른 오름들. 뭍에서
볼 수 없는 이국적 풍경이다. 왼쪽 멀리 한라산 정상이 또렷하다.
꼭대기에 거대한 바위가 우뚝 솟아 있다. 서귀포쪽에서 보이는
설문대할망의 얼굴은 보이지 않는다. 제주도 사람들은 '제주쪽에서
보이는 한라산이 최고다', '서귀포쪽이 최고다' 하며 우긴다. 집이건
절이건 보통 남향으로 앉히는 법이니 설문대할망이 한라산을 그렇게
만들었다면 서귀포가 정면이고 제주쪽이 뒤가 될 것이다. 바다와 산이
함께 있는 사방의 경치를 구경하며 놀멍쉬멍하다 내려온다. 그래봤자
30~40분밖에 걸리지 않는다. 모자란 듯 적당한 운동량이다.
새별오름에서 멀지 않은 곳에 새별오름을 배경으로 나 홀로 서있는
유명한 나무가 있다는데 굳이 가보지 않기로 한다. 어떤 그림일지
충분히 상상이 간다.
차를 달려 법환으로 돌아온다. 30분이면 충분하다.

비 오는 이중섭거리를 걷고 라떼를 마시다

비가 온다. 예보는 하루 종일 비다. 어제는 그렇게 화창한
봄날이었는데 180도 표변이다. 매일 휴일인데도 모처럼 휴일이다.
놀멍 쉬멍 책 읽으멍 글 쓰멍 보낼 참이었다. 그런데.
"우산 쓰고 이중섭거리, 칠십리시공원, 새섬을 걷고, 유동커피에서
블랙커피 한 잔 하고 싶네요."
마나님 한마디에 두말없이 빗속을 달려 이중섭미술관 주차장에 차를
세운다. 빗속인데도 차들이 가득하다. 골목을 통해 이중섭거리로
가는 길. 팥죽집이 있다. 입맛이 당긴다. 점심 뭐 먹을까 고민하느니
여기서 간단히 해결하고 가자. 작은 가게다. 좁은 주방에 가마솥을
걸어놓고 직접 끓이는 듯하다. 실내 장식이 아기자기하다. 벽에 걸린
페트병들 안에, 바닥에 놓인 아기 신발 안에, 식물이 자라고 있다. 그냥
팥죽과 새알팥죽을 하나씩 주문한다. 새알팥죽이라지만 묽은 팥수프
안에 새알들만 들어 있다. 보통 쌀팥죽과 새알이 같이 들어있는 것

작가의 산책길
2021
판타블로(캔버스+아크릴)
24.2X33.4cm

작가의 산책길
2021
판타블로(캔버스+아크릴)
24.2X33.4cm

아닌가. 새알 수도 적다. 결국 쌀팥죽과 새알팥죽을 한데 섞어 먹었다.
다 먹었는데도 포만감은 없다. 포만감을 느낄 정도로 먹으면 안 되는
것을 아는데도 뭔가 부족하다.

서귀포극장이 비를 맞고 있다. 지난번에는 밖에서만 봤는데
들어가본다. 한쪽에선 사진전이 열리고 있다. 다른 쪽에선 한라산
백록담의 흰 사슴을 모티브로 한 작품이 전시되고 있다. 백록의 뿔은
천장까지 이어져 있는 식물의 뿌리로 표현되어 있다. 빛은 뿌리를
타고 천장으로, 다리를 타고 땅으로 흐른다. 하늘과 땅과 사슴이
하나로 이어진다. 백록(흰 사슴)은 성스러운 생명을 상징한단다.
서귀포극장의 객석에 비가 내리고 있었다. 지붕이 철거되고 없는
극장이었다. 건물의 기본 틀은 살리되 천장을 없애 사방이 벽으로
막혔지만 하늘은 뚫린 노천극장으로 만들었다. 신선한 아이디어다.
그런데, 효용성은 좀 떨어질 것 같다. 비나 눈이 오면 그대로 맞아야
한다.

언덕을 올라 멀지 않은 서귀포매일올레시장 구경을 한다. 유동커피.
이중섭거리엔 사람들이 가득하다. 대부분 중년 여성들이다. 기다릴
수는 없다. 걸으며 그냥 보고 지나쳤던 바닷가 카페 벙커하우스로
간다. 활처럼 휘어져 들어온 작은 만. 그 위 언덕에 자리잡은
비닐하우스 모양의 카페로 지붕에 잔디가 심어져 있는 콘크리트
건물이다. 비는 쉬지 않고 내린다. 바람까지 세다. 그런데 이게
웬일. 월요일이고 빗속인데 벙커하우스 앞에 차들이 가득하다. 건물

시간이 멈춘 서귀포 극장

2021 | 판디블로(캔버스+아크릴) | 25.8X17.9cm

카페 벙커하우스

처마(어닝) 밑에 놓인 의자에도 사람들이 앉아 있다. 카페에서 빌려주는
담요를 무릎 위에 덮은 사람도 있다. 커피를 마시며 파도치는 바다를
바라보고 있다. 안으로 들어가도 마찬가지다. 아니 이 많은 사람들이
이 빗속에 여기까지 찾아 왔단 말이야. 2층으로 올라간다. 앉을 자리가
없다. 비닐하우스 식으로 지은 건물의 2층은 천장이 아주 낮다. 바다가
내려다보이는 창가 쪽은 물론 안쪽 자리까지 모두 사람들이 앉아 있다.
다시 1층으로 내려온다. 안쪽 자리가 빈다. 바다를 바라며 앉는다.
아내는 블랙커피, 나는 라떼. 따뜻한 커피가 혈관을 타고 흐른다.
움츠러들었던 몸이 풀린다. 창밖엔 쉬지 않고 비가 내리고, 밀려온
파도가 하얀 거품을 내며 부서지고 있다. 스르르 졸음이 밀려온다. 그

짧은 순간, 온갖 잡다한 조각꿈들에 시달린다. 눈을 뜨는 순간 하나도 기억나지 않는다. 그때 잠결에 들려오는 소리.

"그만 갈까. 춥고 배고파."

빗속의 산책과 카페 탐방이 끝나고 집으로 돌아온다. 역시 집이 제일 편안해. 제주도 살이 3주 남짓 만에 남의 집이 우리 집 같다. 거실에 요를 깔고 눕는다. 그대로 곯아떨어진다.

눈을 뜨니 여섯 시다. 두어 시간을 꿀처럼 잤다. 카톡에 메시지가 와있었다. 앗, 큰 실수를 할 뻔했다.

"제주 공항에 도착했습니다. 4시 25분."

화가 이민이다. 아참, 저녁에 보자고 했지. 내쳐 잤으면 낭패를 당했을 것이다. 이민 화가는 부산아트페어에서 막 돌아온 참이다. 대한민국에서 화가로 살아간다는 것의 어려움을 재삼 실감한 전시회였던 모양이다. 새벽에 카톡 메시지가 와 있었다.

참 힘들다
새벽 일어나서 와인 한 잔
화가의 길
참 힘들다
답을 구하기가
답을 알지도 모를(못하고)
그냥 걷기만 하는
화가의 길

비내리는 서귀포 명동거리
2021 | 판타블로(캔버스+아크릴) | 24.2x33.4cm

참 힘들다

오늘도 구름 한 점

날씨는 맑은데

속내는 비구름

부스안의 작품들

떠안고 돌아가는 그 길

소낙비 천둥만큼

참 힘들다

화가의 길

또 오일장 나서는

그날

맑은 샘물 솟듯

노랑 국화송이 손에 쥐고

또 다시 길을 걷어(걸어) 볼까

참

힘들다

화가의 길

읽는 순간 즉시 감정이입했다. 카톡을 주고받으며, 제주도에 돌아오면
소주 한 잔 하자고 했었다. 깜박 잠이 들어서 이제야 메시지를
봤다고 알리고 법환에서 만나자고 한다. 저녁 7시. 약속 장소였던
흑돼지돌돌이도, 이탈리안레스토랑 블란디야도 모두 문을 닫았다.
월요일 정기휴무란다. 둘이서 법환포구를 향해 걷는다. 문을 연

작가의 산책길
2021 | 판타블로(캔버스+아크릴) | 33.4X24.2cm

곳이 있다. '포차 탐복'. 탐복은 탐라의 복인가, 발음이 비슷한 탄복을
연상시키려는 것인가, 추측을 해보는 재미가 있다. 김치찌개에 소주
한 병을 주문한다. 커다란 냄비에 익은 김치와 돼지고기 세 덩어리가
들어있는 김치찌개. 소주는 한라산. 제주도 지역 소주다. 내가 두세
잔, 이 작가가 나머지를 마셨다. 17도라선지 술맛을 모르는 내 입에도
순하다. "화가의 삶, 미술계 상황, 왜 예향이라는지 알 수 없는 광주,
돈은 많이 벌었지만 문화예술에 대한 지원은 할 줄 모르는 천민
자본가, 문화 마인드라곤 없고 예술이 뭔지 모르는 지역 리더들,
부산아트페어에서 보고 느낀 부산에 대한 부러움…" 등등 화제가

끝이 없다. 나이 예순. 일본에서 판화를 공부했고, 판화와 서양화를
접목시킨 판타블로라는 기법을 개발해 자기만의 특색을 가진
그림을 꾸준히 그려온 화가. 나름 유명하고 한국 화단에서도 중진에
속하는 화가. 그런데도 화가로서의 삶은 여전히 힘들다. 스타 화가가
아니면 밥 먹고 살기 어렵고, 돈을 버는 아내의 지원이 없으면 그림을
계속하기 어렵단다. 밤 9시. 옆 테이블에서 이야기꽃을 피우던 남자
셋도 돌아갔다. 하루 종일 내리던 비의 기세는 현저히 누그러졌다.
추적추적 빗방울이 떨어지는 밤길을 터벅터벅 걸어 귀가한다.
쓸쓸함이 엄습한다. 오늘 밤은 나도 이민이다. 불현듯 어릴 적 고향의
이발소 벽에 걸려 있던 푸시킨의 시가 떠올랐다.

　　　삶이 그대를 속일지라도
　　　슬퍼하거나 노하지 말라
　　　힘든 날들을 참고 견디면
　　　기쁨의 날이 오리니
　　　마음은 미래에 살고
　　　현재는 슬픈 것
　　　모든 것은 순식간에 지나가고
　　　지나가 버린 것은 그리움이 되리니.

작가의 산책길

2021 ┆ 판타블로(캔버스+아크릴) ┆ 45.5X53.0cm

고생의 추억 '우도'

화창하다. 한라산 둘레길은 어제 종일 내린 비로 걷기에 좀 그럴지 몰라. 우도로 가자. 11시 반 가까이 되어 성산포여객종합터미널에 도착한다. 너른 주차장과 주차빌딩이 있다. 주차빌딩과 주차장에 차들이 들어차기 시작한다. 주말이 아닌 평일인데 그렇다. 제주도 관광객이 코로나 이전 80퍼센트 이상으로 올라갔다는 말이 사실인 모양이다. 우도행 배엔 차를 실을 수 있으나 세워 두고 가기로 한다. 터미널 앞 주차장. 차에서 내리니 바람이 세다. 승선신고서를 작성하고 신분증을 내밀고 표를 산다. 배를 탈 때 신분증 제출은 필수다. 티켓을 들고 서둘러 배로 갔으나 간발의 차로 놓쳤다. 속절없이 다음 배를 기다려야 한다. 배는 30분 간격으로 있으니 많이 기다리는 건 아니다. 우도행 배편은 많다. 배삯은 왕복 1만 원. 선박요금 4,500원×2에, 해양도립공원 입장료 1,000원을 합한 금액이다. 배를 타는 데 바람이 보통 센 게 아니다. 몸이 휘청거린다.

선실 밖에서 경치를 구경할 상황이 아니다. 높은 뱃전으로 물방울이 날아든다. 사람들은 대부분 문을 꼭 닫고 선실 안에 있다. 배는 15분여 만에 우도목동항에 도착한다. 성산포에서 우도로 가는 배는 우도목동항 아니면 천진항 두 곳 중 한 곳에 도착한다. 어느 곳이든 상관없다.

우도에 부는 바람이 태풍급이다. 걷는데 모자가 날아가려해 꽉 잡고 휘청휘청 걷는다. 점퍼의 구멍으로 파고드는 바람이 느껴진다. 춥다. 티셔츠 한 장을 덧입지 않았더라면 큰일 날 뻔했다. 커피숍에서 뜨거운 커피 한 잔을 사들고 섬순환관광버스를 탄다. 미니버스다. 30분 간격으로 배차되어 섬을 한 바퀴 돈다. 군데군데 포인트에서 내릴 수 있고 탈 수 있다. 요금은 1인당 6,000원.
좁은 버스 안에 손님이 가득하다. 운전기사는 운전도 하고 관광해설도 한다. '바람이 원래 이렇게 세냐'니까 '오늘 바람은 아무 것도 아니'란다. 어제는 파도가 심해 배가 못 떴는데 오늘은 다행히 배가 뜰 수 있을 정도로 바다가 잠잠해졌단다. 제법 크게 파도가 일고 바람에 날린 바닷물이 갑판을 적실 정도였는데도. 우도봉 밑 정류장에서 내린다. 식당, 카페는 있으나 모두 문을 달았다. 뜨거운 호떡을 하나씩 사서 먹는다. 우도봉으로 걸어 올라간다. 바람에 몸이 밀린다. 캡 위에다 점퍼에 달린 모자까지 뒤집어 쓰고 한 손으로 누르며 휘청거리며 걷는다. 우도봉 가는 도중, 우도 팔경 중 한 곳인 지두청사에서 보는 경치가 절경이다. 멀리 성산포가 보이고, 우도가 내려다보인다.

우도 8경은 '주간명월, 동안경굴, 전포망도, 지두청사, 후해석벽, 서빈백사, 천진관산, 야항어범'. 모두 넉자로 된 한자어다. 옛날부터 전해오는 이름인지 새로 만든 건지 알 수 없다. 추측건대 중국인 관광객들을 위해 일부러 작명한 것 같은데. 지두청사地頭靑莎는 쇠머리오름地頭에 올라 바라보는 푸른 경치란다. 사莎는 바닷가 모래땅에서 자라는 풀이나 잔디다. 우도에 사람들이 들어와 살기 시작한 지는 오래되지 않았다. 17세기 말 국유목장이 설치되어 관리인들이 왕래하기 시작했고, 19세기 중반, 최초로 진사 김석린 일행이 들어와 정착했단다. 지금 우도는 엄청 잘 사는 섬이라고 버스기사가 말한다.

"우도 사람들 다 부잡니다. 보통 몇십 억에서 100억대까지 재산 다 갖고 있어요. 그래서 우도를 돈섬이라고 부르기도 합니다. 주민 수는 800명 그 중 해녀가 248명입니다. 전기가 들어온 건 1985년이고 수도가 들어온 건 불과 7~8년밖에 안 돼요. 2년의 공사 끝에 제주도에서 우도까지 관을 연결해서 제주도 물을 우도로 끌어와 마시고 있습니다."

과장이 섞이긴 했지만 몰려드는 관광객들 덕에 돈은 많이 버는 듯하다. 성산포를 왕복하는 배들도, 섬 안의 관광버스도, 전부 우도 주민들이 운영한단다. 우도봉에 올랐다. 철조망이 쳐져 있고 작은 표지석이 있다. 들여다보니 '삼각점'이라 쓰여 있다. 강풍 탓에 오래 머무를 수 없어 바로 내려온다. 조금 내려오자 우도등대, 검멀레해변이라고 쓰인 나무팻말이 서 있다. 오른쪽 방향으로 가는 길. 소나무숲을 통과한다. 우도엔 올레길 1-1코스가 나 있다. 나뭇가지에 올레길 표시 리본이 달려 있다. 배낭을 맨 올레객들 몇이 걸어온다. 우도등대에 이른다.
제주도를 만들었다는 설문대할망의 돌조각상이 서 있다. 발밑엔
물. 물속엔 동전들. 소원을 빈 사람들이 던졌을 것이다. 우도등대는
1906년에 무인등대로 설치되어 1959년에 사람이 살며 관리하는
유인등대가 되었다. 제주도 동쪽 바다를 항해하는 배들의 안전을
지키고 있다. 검멀레해변으로 가는 길. 영업을 하지 않는 짚라인이
있다. 철거한 듯 쇠줄도 보이지 않는다. 이렇게 바람이 센 섬에서
애초에 어떻게 영업을 했담. 검멀레해변 앞은 사람들로 북적인다.
음식점, 카페도 여럿이다. 저만치 전복김밥집 간판이 보인다. 가까이
해물짬뽕 짜장면집이 있다. 무슨 TV 프로에 나왔다고 광고하는
사진들이 붙어 있다.

춥고 배고픈데 점심은 여기서 때우기로 한다. '제주도에 오니
서울에선 거의 먹을 일 없던 짬뽕을 벌써 세 번째 먹네.' 아내의
말이다. 커다란 소라가 턱 좌정하고 있는 시뻘건 국물의 짬뽕. 보기엔
그럴 듯한데 맛은 그냥 그렇다. 소라는 해감이 덜 되었는지 딱딱한
껍질조각 같은 것들이 씹힌다. 짜장 맛도 보통이다. 애초에 관광지
음식에 큰 기대를 하는 것 자체가 잘못일 것이다. 검멀레해변.
검멀레는 검은 모래라는 뜻이다. 100m 정도 되는 해수욕장 모래가
온통 시커멓다. 우도의 동남쪽 끝에 있다. 조금 떨어진 곳에 우도
8경 중 7경인 검멀레동굴이 있다. 바람이 보통 센 게 아니고 추워서
해안으로 내려갈 엄두가 나지 않는다. 패딩겉옷을 차안에 두고 온
아내는 추위 때문에 관광이고 뭐고 할 기분이 아니다. 그만 돌아가자.

표선 2022.3.8 654
2022 | 판타블로(캔버스+아크릴) | 53x46cm

우도는 영 실패네.

버스정류장에 사람들이 긴 줄을 이루고 있다. 모두 도중에 돌아가기로
한 사람들 같다. 버스가 온다. 줄 앞 몇 사람만 타고 떠난다. 다음
버스를 기다린다. "버스가 좋다더니, 이렇게 타기 어려울 줄
알았으면 저거나 빌릴걸 그랬어." 줄에 선 아주머니가 투덜거린다.
정말 전기차를 빌릴걸 그랬나? 앞뒤로 앉아 운전하는 장난감 같은
삼륜오토바이. 춥지도 않고 편리하고 재밌었을 텐데….
경사진 길을 올라오던 전기차가 중간에 서더니 뒤로 밀리기 시작한다.
"어어, 저 아가씨, 운전을 못하나 봐." 뒤로 밀리다 선 차. 문 옆에
친구로 보이는 여자가 문을 열려고 하는데 안 열린다. 몇 사람이
달려가 뒤에서 민다. 언덕을 다시 오르기 시작하더니 달린다. 친구로
보이는 여성이 따라 달린다. 이번에는 멈추지 못하는 거 아냐?
운전면허가 없나 봐. 어떡하지. 전기차는 언덕을 계속 달려 올라가고
있고, 운전자의 친구로 보이는 젊은 여성은 전기차를 따라 계속 뛰고
있다. 어찌 되었을까.
다음 버스도 사람이 꽉 차 못 타고 세 번째 버스를 겨우 탄다. 완전
콩나물시루다. 발 디딜 틈이 없다. 어린이들이 불편한 자세 땜에
허리가 아프다고 난리다. 제주도 관광지. 코로나 따위 저 세상
일이다. 우도목동항까지 가는 도중에 내리는 사람들이 없다. 몇
군데 관광명소를 모두 패스한다. 그저 성산포로 돌아가고 싶어하는
사람들뿐이다. 다시 승선신고서를 작성하고 배에 오른다. 그래도
우도에서 보낸 시간이 서너 시간이다. 주차장에 도착하자마자 아내는

차안의 패딩재킷을 꺼내 입는다. 추위에 떠느라 흡족한 구경은 못했지만 어쨌든 우도는 갔다 왔다. 바람도 없고 따뜻한 날. 기회가 되어 다시 가게 되면 느긋하게 구석구석 돌아보고 싶다. 그러면 느낌이 달라질 것이다.

표선 해뜨는 가게

2022 | 판타블로(캔버스+아크릴) | 24.5x33.5cm

드디어 한라산… 영실 등반기

아내는 제주도에 온 이래 계속 한라산 노래를 부르고 있다. '제주도에 한 달이나 있으면서 어떻게 한라산도 안 갈 수 있느냐'는 것이다. 서귀포휴양림, 절물휴양림, 새별오름, 곶자왈 등은 한라산이 아닌 것이다. 나는 백록담까지 가는 건 좀 엄두가 안 난다. 오랫동안 등산이고 운동이고 하질 않아서 자신이 없고, 굳이 사전신청을 해가면서 올라가야만 하는 건지 내키지도 않는다. 그래도 확인은 해본다. 토요일은 성판악코스 예약한도 천 명이 꽉 찼다. 500명 제한인 관음사코스는 여유가 있다. 백록담으로 가는 두 코스 중에 성판악코스가 더 인기가 있는 모양이다. 나는 어쨌든 굳이 백록담까지 올라가고 싶은 마음은 없다. 더구나 젊었을 때 두 번 올라간 적이 있어 환상도 없다.

"백록담은 힘들 것 같네. 사전예약도 꽉 차 있고(실은 평일은 널널하다), 체력도 달리고. 꼭 올라가야만 맛인가. 가까이서 보면 되지. 영실로 가자. 지난번 만난 나문 대표가 영실, 존자암 정말 좋대."

법환에서 영실까지 거리로는 9km 남짓이지만 시간은 3~40분이
걸린다. 구불구불 헤어핀커브를 조심조심 올라가야 한다. 제주도에서
관광객들이 모는 렌터카 사고가 가끔 일어난다. 들뜬 기분에 차를
몰다가 아차하면 사고다. 영실 주차장까지 올라가는 동안 메말랐던
가지들 끝에 새잎들이 돋아나고 있었다. 연두색이라고 간단히
표현하지만 실은 엘로우 그린 블루 화이트, 여러 색들이 뒤섞인 묘한
색깔이다.

"와아아. 이맘때 일제히 돋아나는 연두색 새싹들이 제일 이쁜 것 같애.
연두색 나뭇잎들이 바람에 살랑거리면 가슴도 덩달아 출렁거리고.
너무 좋아."

갑자기 시인이 된 듯 평소 잘 하지 않은 말을 하고, 차문을 활짝 연다.
쏟아져 들어오는 바람은 차다. 영실코스 입구의 게이트. 소형차
시설이용료 1,500원을 지불하니 차단봉이 올라간다. '친환경자동차는
반값 할인 아닌가요?' 하고 물었더니, 주차료가 아니라 시설이용료라
할인이 없단다. 알 듯 모를 듯하지만 더 이상 묻지 않는다. 제1주차장.
여러 대 주차돼 있다. 존자암 가는 길이라는 안내글씨가 큼지막하게
달려 있다. 영실코스가 시작되는 지점은 제2주차장이다. 차를 몰고
조금 더 올라간다. 다리 건너 영실코스 입구 근처 주차장과 갓길에
이미 차들이 가득하다. 다리 이 편 주차장은 여유가 있다. 차에서
내리자 바람이 장난 아니다. 게다가 춥다. 아뿔싸. 포개 입을 옷을
더 가져오는 건데. 어제 우도 갔을 때와 같은 복장. 우도보단 낫겠지
했던 게 오산이었다. 걷기 시작하면 땀이 날 거야. 돌기둥 위에

까마귀들이 여럿 앉아 있다. 조형물이다. 오백나한과 까마귀. 매점
이름도 같다. 빵과 커피로 아침을 먹은 지 얼마 안 된지라 점심을
들 기분은 들지 않는다. 시간도 11시 20분밖에 안 됐다. 영실코스
왕복은 네 시간이 걸린다. 평균으로 계산하더라도 다시 돌아오면 오후
네 시 가까울 것이다. 백설기 한 조각과 초콜릿, 생수 한 병을 산다.
영실은 석가모니가 설법하던 영산과 비슷하다 해서 붙은 이름이다.
한라산 남서쪽 가파른 경사면에 우뚝 서있는 많은 바위기둥들은
오백나한 또는 오백장군이라고 부른다. 사시사철 영실코스를 찾는
이들에게 병풍바위와 함께 장관을 보여준다. 전설이 있다. 먼 옛날
500명의 아들을 둔 어머니가 있었다. 흉년이 들자 아들들이 사냥을
나갔다. 돌아오면 먹이려고 큰 솥에 죽을 끓이던 어머니가 그만 솥에
빠져 죽고 말았다. 사냥에서 돌아온 아들들이 죽을 먹다가 뼈만
남은 어머니를 발견했다. 너무도 충격을 받고 목놓아 울다가 모두
돌기둥으로 변해버렸다. 안내판에 만화로 그려진 전설의 주인공인
어머니는 실은 설문대할망이다. 설문대할망은 죽솥에 빠져 죽었다는
설과 큰 키를 자랑하다가 물장오리 연못에 빠져 죽었다는 설이 있다.
아무튼 어머니가 빠진 솥의 죽을 먹은 아들 500명 중에 막내만은
먹기 전에 그 사실을 알았다. 충격을 받고 집을 뛰쳐나가 차귀바위가
되었고, 죽을 먹은 499명의 아들들은 영실의 기암들이 되었다.
차귀도에서 본 장군바위가 막내아들이다.

영실코스는 출발 후 조금만 걸으면 나오는 소나무숲을 지나 조금
더 가면 경사진 산길이 나온다. 입구부터 1.5킬로 정도다. 계속해서

가파른 산길과 계단을 올라가야 하는 길. 급한 경사는 병풍바위를 지나 조금 더 가야 끝난다. 힘들다. 다리 근육은 뻣뻣해지고 심장이 터질 듯하다. 숨소리가 거칠어진다. 오른쪽 무릎이 시큰거리기 시작한다. 방위병으로 근무할 때 아침 체조 시간에 한 다리로 일어섰다 앉았다 하다가 뻑하는 소리와 함께 악하고 쓰러진 적이 있다. 제때 치료하지 않고 그대로 나뒀다. 시간이 지나니 괜찮아졌는데, 오래 걷거나 하면 그 때 다친 오른쪽 무릎이 시큰거리고 아파오기 시작한다. 제주도 온 후 매일 걸었어도 괜찮았는데 이런 경사는 처음이라 그런가. 가볍게 앞서던 아내가 걱정스런 얼굴로 묻는다. '그만 올라갈까? 너무 힘들면 돌아가자. 갑자기 쓰러지기라도 하면 어떡해. 끝까지 가는 건 어려울 것 같애'. 어려울 것 같다고 하면 투쟁심이 생기는 성격이다. 자존심이 작동한다. 괜찮아. 갈 수 있어. 한 발 한 발 올라가기 시작한다. 계단을 내려오는 남자 셋 중 한 명이 말한다.

"제주도 여행 다녀왔다고 하면 다들 한라산은 갔다 왔어? 하고 물어볼 텐데 마지막 날 드디어 클리어했네. 백록담은 아니지만 그래도 한라산이잖아."

그렇구나. 제주도 한 달 살기 하고 왔다고 하면 한라산은 올라가봤어? 하고 물을 사람이 많겠구나. 아내가 한라산 노래를 부른 이유를 알겠다. 이를 악물고 올라가니 병풍바위가 눈앞이다. 장관이다. 광주 무등산 서석대 주상절리처럼 갈라진 돌기둥들이 좌악 늘어선 절벽. 장관이다. 사실 산꼭대기 주상절리는 무등산에만 있는 건 아니다. 한라산 꼭대기에도 있다. 제주도엔 산과 바닷가에 주상절리가 참 많다. 대한민국에서 유네스코 지질공원 1호가 된 것은 당연한 일이다.

한라산을 보다 _ 창천리
2021 | 판타블로(캔버스+아크릴) | 19.1x24.3cm

제주도는 섬전체가 지질학적 보물이다. 무등산권도 그렇다. 알려지지
않았을 뿐이다.

병풍바위를 지나 절벽 위에 설치된 쉼터. 나무데크를 깔고 난간을
둘러쳐 놓은 곳에 남자 둘이 앉아서 쉬고 있다. 바람이 세다. 아내는
데크 위 계단에 앉고, 나는 데크 바깥 바위 앞 풀위에 드러눕는다.
바위가 바람을 막아주어 따뜻하다. 얼굴 위로 햇살이 쏟아진다.
선글라스를 꼈는데도 눈이 부셔 뜰 수가 없다. 선크림을 발랐지만
소용없을 것이다. 비타민D는 원없이 만들어질 것 같다. 제주도 사는
동안 얼굴이 현무암 색깔이 돼간다. 손도 등은 까망, 바닥은 하양이다.
시골 가도 위화감은 없겠다. 쉬던 남자 둘이 일어서기 전 아내에게
천혜향 하나를 준다. '목마를 텐데 드시라'고. 오토바이 라이더들이
가진 동지의식보다는 약하지만 등산을 하는 사람들 사이에도
동지의식이 있나보다. 역시 사람은 어려움을 같이 겪어야 인간애가
발동하는 존재인 모양이다. 제주도 천혜향은 즙이 많고 달고 맛있다.
백설기까지 꺼내 먹는다. 순식간에 없어진다. 배가 고팠던 것이다.
거의 한 시간 반 이상이 흘렀다. 다른 사람들보다 속도가 느리다. 다시
올라가기 시작한다. 위에서 갑자기 반짝반짝하는 사람이 내려온다.
온 몸에 황금색 비닐 커버를 쓰고 있다. 쓴 게 아니라 몸을 감싸게
묶었다. 다리를 절뚝거린다. 계단 옆에서 잠시 쉬던 한 남자 등산객이
배낭에서 지팡이를 꺼내 몇 단으로 접혀 있던 지팡이를 편다.
"불편하신 것 같은데 이 지팡이 쓰세요."
다리가 불편한 황금색 비닐 커버를 쓴 할머니에게 말한다.

"아녜요. 감사하지만 괜찮아요." 젊은 여성이 대답한다. 딸인 듯하다.
모녀가 영실 등산을 왔다가 어머니가 다리를 다쳤든지 무리가 왔든지
한 것 같다.

"그냥 쓰셔요. 훨씬 편할 텐데." 다시 권하는 남자.

"정말 괜찮아요. 천천히 가면 됩니다." 젊은 여자가 말한다.

위태위태하게 계단을 내려간다. 영실로 오던 길에 만났던 눈부신
신록은 이미 없다. 고도가 높아 기온이 찬 탓이다. 군데군데 핀 철쭉이
보인다. 계속 걸어가자 제법 나무들이 많아지기 시작한다. 말라죽은
나무들도 있다. 무슨 나무지? 구상나무다. 소나무과의 한국특산식물.
지리산 덕유산 그리고 한라산 1,400m 고지대 800만평에 서식하고
있다. 늘 푸른 나무로, 붉은 구상, 푸른 구상, 검은 구상 세 종류가
있다,고 안내판에 쓰여 있다. 군데군데 철쭉이 있다. 아직 열리지
않은 봉오리들. 확실히 아래쪽과 비교할 수 없이 기온이 차다. 해발
1,280m에서 출발해 거의 1,700m까지 올라왔다. 1.5km 오르막
코스가 끝나자 비교적 평탄한 길이 이어진다. 2.2km 코스 끝에
윗세오름대피소가 있다. 거기서 왼쪽 길은 어리목탐방로, 계속 가면
남벽분기점, 거기서 다시 돈내코탐방로로 이어진다. 오늘 가는 최종
목적지는 윗세오름대피소다. 구상나무숲을 지나 계속 간다. 나무 숲이
사라지고 작은 조릿대숲이 나타난다. 선작지왓이다. 여기서만 자라는
식물들이 있다. 멀리서 보면 마른 잔디로 덮인 평원이다. 확 트여
있어 가슴도 확 트인다. 조릿대숲 사이로 깔린 나무데크길. 노루샘이
나타난다. 솟아나는 물이 있다. 가늘게 도랑을 이루며 흐른다. 마침내
윗세오름대피소. 왠지 버려진 건물 같다. 대피소 안은 긴 벤치들이

놓여 있고, 응급환자를 위한 진료소가 있고, 제세동기가 배치되어 있다. 몇 사람이 바람을 피해 쉬고 있다.

화장실. 산 아래 깨끗한 화장실과 비교해선 곤란할 것이지만 아무튼 수세식이다. 일을 보고 나서 앞 벽에 붙은 설명문을 보고 위치를 확인하고 누른다. 쫄쫄쫄 물이 가득 찬다. 어라, 이 상태면 곤란한데. 잠시 난감해하고 있는데, 쏴아 하고 시원하게 내려간다. 사용 설명문 일부는 한글과 중국어, 변기 버튼에 관한 내용은 한글 중국어 영어 일어로 돼 있다. 변기 버튼의 위치, 누르고 나서 3초가 지나면 물이 쏟아진다고 돼 있다. 그런데, PUSH라는 영어 밑에 있는 중국어. '여기를 누리시오'라는 뜻인 '安这里'를 써놨다. 틀렸다. 安이 아니라 按이라고 써야 한다. 安은 '편안하다, 진정시키다'고, 按이 '누르다'는 뜻이므로 按这里라고 써야 한다. 전에도 썼지만 지자체에서 관광지나 유적지 설명문 담당하는 분들. 제발 좀 전문가들에게 감수를 받든지 아예 처음부터 전문가들에게 맡기라. 지역의 수준, 이미지와 관계되는 일이다.

윗세오름대피소는 바로 한라산 정상 아래 서 있다. 제주 쪽에서 보면 우뚝 솟은 바위봉오리. 서귀포쪽에서 보면 누워 있는 설문대할망의 얼굴. 한라산 높이는 1,950m, 윗세오름대피소 높이는 1,700m다. 거대한 바윗덩어리가 보는 이를 압도한다. 꼭 저 위에까지 올라가야 하는 건 아니지. 이 정도로도 충분히 만족스럽다. 오는 동안 센 바람에 시달리고 손은 시렸지만 고생한 보람이 있다. 목은 마른데 출발할 때 산 차가운 생수를 마실 기분은 들지 않는다. 자, 슬슬 내려가볼까.

자구리해안공원 앞바다와 한라산

올라갔던 길을 되짚어 내려온다. 산은 올라갈 때보다 내려갈 때가 더
위험하다. 올라갈 땐 돌부리에 걸려 넘어져도 대개 괜찮지만 내려갈
때 그랬다간 큰 일이 날 수도 있다. 천천히 한 발 한 발 조심해서
내려와야 한다. 인생도 마찬가지다. 높은 자리에 오를 때보다 내려올
때 조심해야 한다.

그렇게 한라산 영실코스를 다녀왔다. 거리상으로는 3.7km밖에
안되지만 네 시간 이상 걸렸다. 올라갈 때 쉬엄쉬엄 천천히 올라갔다.

남들 두 시간이면 된다는데 거의 세 시간이 걸렸다. 내려올 때는 한 시간 이상 걸렸다. 제대로 점심을 못 먹은 탓에 배가 고팠다. 모슬포에 있는 방어요리 전문점에 가서 먹자.

모슬포항에 있는 '수눌음'. 초밥은 좋아하나 회는 잘 안 먹는 아내 땜에 방어세트 2인분을 시켰다 낭패를 봤다. 혼자서 먹느라 힘들었다. 오징어를 얹은 국수는 손도 안댔다. 매운탕은 개운했다. 점저로 저녁까지 해결했다.

법환에 돌아와서 오랜만에 머리를 잘랐다. 늘 지나다니며 봤던 이발소. 불이 켜진 때보다 꺼진 때가 더 많았는데 오늘은 표시등이 회전하고 있다. 50대 중반쯤 됐을까. 마스크를 쓰고 있으니 짐작하기 쉽지 않다. 문을 열고 들어가니 컴퓨터로 바둑을 두고 있다.

"머리 자를 수 있나요?"

"앉으세요."

"바둑 두고 계신 것 같은데….'

말없이 머리만 다듬는다. 뜨내기 손님이라 그런가 바둑 생각에 그런가. 바리깡은 쓰지 않고 가위로만 커트한다. 머리 뒷부분은 혁띠에 날을 가는 긴 면도칼로 다듬는다. 머리에 뭔가를 붓는다. 시원하다.

"알콜인가요?"

"헤어 토닉이어요."

맨날 속성 커트만 하고 지내온지라 이런 이발소, 얼마만인가. 12,000원. 오랜만에 만족스런 이발을 했다. 거울을 보니 영낙없는 시골 아저씨다. 아무려면 어때 이 나이에. 깔끔해졌으면 됐지. 근육이 당기고 어깨는 뻐끈하다. 움츠리고 걸은 후유증이다. 씻고 자리에 눕자마자 금세 곯아 떨어졌다.

작가의 산책길
2021 | 판타블로(캔버스+아크릴) | 45.5X53.0cm

거대한 돌 공원과 친구의 귤밭

어제 영실 산행의 피로도 풀고 페북 다이어리도 쓸 겸 오전은 집에서
보낸다.

아내가 내 머리 자른 걸 보고 "무슨 머리를 그렇게 짧게 자르셨어?
군인 같애."라고 하더니 자기도 커트를 해야겠다고 나간다. 한참 후
"진작 머리를 자를걸. 배추머리를 해갖고 사람들을 만났잖아. 왜
뜬금없이 예정에 없던 사람들을 만나는 건지 모르겠어, 참. 이제
나갑시다."

헐! '오늘은 좀 쉬면 안 될까'라는 말은 속으로 삼킨다.

"그래, 나가지 뭐. 근데 나가기 전에 라면 하나 끓여먹자.
점심시간이잖아."

열두 시가 넘은 시간. 얼큰한 라면을 끓여 먹으니 화악 입맛이
살아난다.

'제주돌문화공원'에 가기로 한다. 제주도를 만든 거구의 여인,

작가의 산책길
2021 | 판타블로(캔버스+아크릴) | 53.0X45.5cm

여기저기 많은 관련 전설이 있는 설문대할망을 테마로 한 공원이고,
제주 돌문화의 역사를 볼 수 있는 공원이다. 공원까진 50분 정도
걸렸다. 제주돌문화공원은 1998년 기획해 2001년 9월 기공식,
2006년 2월에 오픈했다. 돌박물관, 오백나한박물관, 야외 전시장,
제주전통마을인 돌한마을이 사람들을 맞이하고 있지만 아직
공사 중인 설문대할망전시관이 문을 열지 않았다. 탐라목석원과
북제주군이 민관협력 사업으로 조천읍 교래리 100만 평 부지에
돌박물관을 건립할 계획을 세웠고, 이후 이름을 돌문화공원으로
바꾸어 추진해왔다. 전시 작품은 대부분 탐라목석원이 기증한

것들이라는 설명으로 보아 민간에서 수집품들을 기증하고 지자체가
땅과 자금을 지원하는 것 같다. 탐라목석원이 기증한 작품 수가 무려
2만 441점이다. 매년 5월에는 설문대할망축제를 개최한다. 입구에
들어서자 만나는 큰 돌탑들은 설문대할망과 오백장군을 상징하는
탑이다. 기기묘묘한 돌들이 많이도 전시돼 있다. 사람이 칼로
새기려고 해도 힘들 만큼 작고 섬세한 무늬들이 조각돼 있는 돌은
용암이 모래밭을 통과하면서 만들어졌단다. 새, 뱀, 고릴라, 사람, 온갖
모양을 한 신기한 돌들. 자연이 만들어낸 조화에 감탄하지 않을 수
없다.

유치원생으로 보이는 아이들 수십 명이 줄지어 지나간다. 화산폭발로
인한 제주도 탄생 과정을 보여주고 있는 전시장은 화산, 지질, 지형에
관해 확실하게 배울 수 있는 좋은 교육장소다. 시대별 돌문화 전시장,
제주 전통 초가 마을, 제주도민들의 생활사를 보여주는 집들이
조성되어 있고, 야외에는 맷돌, 절구, 연자방앗돌, 초가집 초석들 같이
인간이 다듬어 사용해온 돌들과 가공하지 않은 자연석들이 그야말로
어마어마하게 많이 배치돼 있다. 인상적인 것은 오백장군을 상징하는
거대한 돌기둥들이었다. 몇 줄로 늘어 서있는 오백장군들을 사열하며
걸으면 오백장군갤러리가 나온다. 나무뿌리 작품들과 예술작품들을
전시한다. 홍양숙 점동벌립전이 열리고 있다.
오백장군갤러리로 가는 길 입구에 '어머니의 방'이 있다. 들어가는
문이 석굴암을 연상시킨다. 어두컴컴하여 으스스한 느낌마저 든다.
보고 나오는데, 들어오려던 여성이 깜짝 놀라 뒤로 물러섰다. '여기

좀 으스스하네' 하고 들어서려는 찰나에 안에서 사람이 나오니 깜짝
놀랐단다. 전시된 자연석. 조명을 받은 돌의 그림자가 영낙없이
아이를 안은 여인의 형상이다. 설문대할망이 아기를 어르고
있는 것 같다. 소개 리플렛 표지에 사진이 실려 있는 것으로 보아
돌문화공원을 대표하는 돌인 듯하다. 이렇게 큰 곳인 줄 몰랐다.
건너 뛰며 돌아보는데도 두 시간이 넘었다. 이 많은 돌들을 언제부터
어떻게 다 수집했을까. 전국 도처에 대단한 일을 하는 사람들이
있다는 사실을 새삼 느낀다. 1인당 5,000원 받는 입장료로는
답이 나오지 않는다. 그래서 지자체와 협력하여 사업을 진행하는
것이겠지만, 보통사람으로서는 엄두도 내지 못할 엄청난 일을
기획하고 해내는 사람들이 있다. 훌륭하다.

돌박물관은 주변 환경을 해치지 않기 위해 지하에 들어서있다.
고로, 지상이 박물관 지붕이 되는 셈인데, 그 지붕 위에 거대한 인공
대야(못)가 설치되어 있다. '하늘연못'이라는 작품이다. 하늘연못은
죽솥, 물장오리, 백록담을 한꺼번에 상징하며, 공연을 하는
수상무대로도 활용하고 있다. 하늘연못과는 별도로 공원 안에는
죽솥과 물장오리를 상징하는 곳이 조성돼 있다. 돌박물관 뒤로 반쯤
떠오른 달처럼 솟은 오름은 '바농오름', 왼쪽으로 '작은지그리오름', 그
다음에 '큰지그리오름'이 있다. 물에 비친 바농오름의 사진은 실은 이
하늘연못에 비친 것이었다.
"물 담긴 연못은 어딨나요?" 하고 전시관 근무자에게 물었더니,
"아, 하늘연못이요? 지금 시설보강 공사 중이라 물을 빼놨어요."

보목바다
2021 | 판타블로(캔버스+아크릴) | 17.9x25.8cm

한다. 뒤늦게 홈페이지를 확인하니 4월 5일부터 말일까지 관람시설 보강공사 중이란다. 돌문화공원은 관람코스가 1코스, 2코스, 3코스로 나뉘어 있는데, 그냥 마음 내키는 대로 걸으면 된다. 그래도 순서대로 돌게 돼 있다.

서귀포시 토평동. 바닷가에서 9km 정도 떨어진 중산간지역이다. 친구 홍순석을 만나러 간다. 친구는 서울집과 제주도를 왔다갔다 하며 산다. 전화를 걸어도 받지 않다가 한참 후에 회신이 온다.

"귤밭에서 일 하느라 못 받았어."

보목포구에서 '제지기오름'과 '설오름'을 잇는 직선을 긋고 주욱 따라 올라가다 '칡오름'과 '인정오름' 사이를 잇는 직선의 가운데 약간 아래쪽에 있는 3천평짜리 귤밭이다. 작은 숙소와 커다란 창고가 있다.

"도착했는데, 돌축대 사이로 들어가면 되는가?"

"뜨라비펜션이라고 보여?"

"그런 거 없는데."

"그대로 있어. 보인다. 내가 갈게."

돌축대 길 끝에 전화기를 귀에 댄 친구가 나타난다. 양정고등학교와 고려대학을 같이 다녔다. 사업을 오래 했고, 여유가 있고, 강남에 사는데, 역사와 사회를 보는 눈이 깊이가 있다. 서울에서 못 본 지도 꽤 됐고, 내가 광주로 내려간 후에는 한 번도 못 만났다. 큰 창고 옆 작은 집. 살림집이라기보다는 농사일을 하며 묵는 집으로 간단히 지었다. 집안에는 장작을 때는 난로가 놓여 있다. 베어낸 귤나무 가지들이 땔감이다. 바닥은 전기 난방이란다. 창문을 통해 멀리 서귀포 바다가

효돈 감귤밭

2021 | 판타블로(캔버스+아크릴) | 25.8x17.9cm

제주 감귤창고
2021 | 판타블로(캔버스+아크릴) | 25.8x17.9cm

보인다. 그 앞에 볼록 솟은 봉우리.

"저건 제지기오름이야."

제주도엔 정말 오름이 많다. 모두 합해 360여개라는데, 오름, 산, 봉, 악 등으로 불리는 것들도 다 오름이다. 원래 한자어 산山을 쓰기 전 전국의 모든 산은 오름이라고 불렸다. 오름이란 말은 제주도에만 남았다. 오름은 한라산의 기생화산, 현무암질 스코리아다. 스코리아는 구멍이 많이 뚫린 돌덩어리라는 말이다. 점재하는 오름들이 만들어내는 풍경은 육지에서는 보기 힘든 신기한 것이다. 새별오름에 올랐을 때의 느낌을 잊을 수 없다. 광활한 대지 위 여기 저기 솟아오른 오름들. 트레킹과 힐링에 최적이다.

친구는 귤농사를 취미로 하는 정도란다. 귤이 쏟아져 나오는 겨울에
온실에서 재배한 딸기들과 다양한 종류의 수입산 과일들이 시장에
넘쳐 경쟁하기가 너무 어렵다. 귤나무 한 그루면 자식 한 명 대학까지
보낸다고 해서 대학나무로까지 불렸는데, 지금은 옛날 얘기가 됐다.
그렇다고 천혜향이니 한라봉이니 하는 것들을 재배하려니, 시설투자,
일손 구하기, 재배기술 등 어려움이 많은데다, 굳이 그런 고생을 하지
않아도 그럭저럭 지낼 만하니, 생각하지 않는단다.
원래 중국 온주에서 들어와 제주도 서귀포 지역에서 재배하기 시작한
재래종 귤은 갑신정변 후 제주도로 유배된 박영효가 일본에서 들여와
심은 개량종 귤로 바뀐다. 관광지 쇠소깍이 있는 효돈동 일대가
예로부터 귤재배지역으로 유명하다. 감귤박물관이 있다. 고려시대와

보목포구 주택
2021 | 판타블로(캔버스+아크릴) | 25.6x18cm

보목포구 51번지 새벽
2021 | 판타블로(캔버스+아크릴) | 25.8x17.9cm

조선시대에는 1년에 무려 스무차례 제주귤이 진상품으로 왕궁으로
올라갔다. 제주목사는 진상할 귤의 수에 맞추기 위해 나무에 달린
귤 수를 세어 관리했다. 시달리다 못한 농민들이 밤에 귤나무
뿌리에 뜨거운 물을 부어 고사시켰을 정도로 귤은 제주 농민들에게
고통이었다. 특별히 동지에 맞춰 제주목사가 귤을 진상하면 임금은
상을 내리고, 특별 과거인 황감과를 실시하고, 유생들에게 귤 하나씩을
선물로 나눠줬단다. 귤, 전복, 표고버섯… 제주도의 특산물은 오늘날엔
왕실 진상품이라는 이름으로 프로모션하는 상품이지만, 과거엔
제주도민들에게 고통을 가져다주는 애물이었다.

제주도 한 달 살기가 얼마 남지 않았다. 한 달이라고 해서 꼭 한 달은 아니고 며칠 더 있을 예정이지만, 한 달 가까운 시간이 눈깜짝할 사이에 지났다. 법환을 떠나기 전에 저녁 같이 하자는 말을 끝으로 친구와 헤어진다.

제주 감귤농장

2021 | 판타블로(캔버스+아크릴) | 25.8x17.9cm

기대가 컸던 본태박물관

세계 3대 건축가 중 한 명이라는 '안도 타다오'의 설계로 유명한
'본태박물관'. 서귀포시 안덕면 상천리에 있다. 법환에서 거리로는
13km, 차로는 30분이 걸린다. 현대가 고 정주영 회장의 넷째 며느리
이행자 씨가 설립했다. 이 씨는 평생 우리 전통 미술품 공예품 보자기
소반 같은 것들을 수집해왔다. 본태는 '본래의 형태'로 이행자 씨가
지은 이름이다. 인류 본연의 아름다움을 추구하는 것이 박물관의
목적이란다. 전시 작품 감상도 감상이지만 안도 타다오가 설계한
박물관으로 유명해서 더 보고 싶었다. 모두 다섯 군데 전시관이
있는데 5전시관에서 시작해 1전시관에서 마치는 순서로 돼 있다.
5전시관은 불교예술 유교예술, 4전시관은 전통상여와 꼭두들,
3전시관은 점박이 호박으로 유명한 쿠사마 야요이의 호박과
무한거울방, 2전시관은 안도 주택구조와 현대미술, 명상의 방,
마지막으로 1전시관은 소반타워, 조각보 등을 전시하고 있다.

전시관을 옮겨 다니는 도중 안도 타다오 건축의 특징을 감상할 수 있다. 독학으로 건축을 공부해 건축계의 노벨상이라는 프리츠커상을 수상한 안도 타다오 건축의 특징은 노출 콘크리트 건물에 물, 햇빛, 그림자, 바람 등 자연을 끌어들여 인간과 자연, 공간의 합일점을 찾고, 건물 바깥보다는 내부에서의 체험을 중시하는 것이다. 본태박물관도 그런 안도 타다오의 건축철학을 보여주는 건물이다.

제임스 터렐의 전시는 볼 수 없었다. 좁은 공간에서 감상해야 하는데 코로나 위험 때문에 출입금지 상태였다. 3전시관은 쿠사마 야요이 전시관이다. 호박작품은 노랑 바탕에 크고 작은 까만 점들을 무수히 박아넣은 것이다. 들어가자마자 있는 호박은 바로 감상할 수 있으나, 무한거울의 방은 한꺼번에 여러 사람이 들어갈 수 없어서 앞의 사람이 감상하고 나올 때까지 기다려야 한다. 감상 시간은 한 팀당 2분이 주어지는데 줄이 길었다. 그렇다고 안 볼 수는 없어 의자에 앉아 한참을 기다렸다. 한 번 더 보겠다고 다시 줄끝에 서는 사람들도 있었다. 바닥은 물, 사방 벽은 거울로 된 방에 작은 LED 전구들을 무수히 달아 놓았다. 별들이 반짝이는 무한한 우주 공간 속으로 들어간 듯한 느낌. 이런 작품을 처음 봤다면 와아 하고 환호성을 질렀을지도 모르겠지만, 대단한 감동은 없었다. 빛의 벙커, 아르떼뮤지엄, 팀랩 전시회 등에서 이미 비슷한 미디어아트 작품들을 많이 봤기 때문일 것이다. 쿠사마 야요이가 맨 처음 이런 작품을 만들었는지는 모르겠다. 쿠사마 야요이는 젊었을 때 호박에 꽂혀 평생 호박을 테마로 작품활동을 해왔고 호박으로 세계적인 작가가 되었다. 3전시관은 호박 한 점과 '무한거울의 방-영혼의 광채'가 전부였다. 야요이의 호박은 세월이 가면서 점점 더 커졌는데, 호박 위에 찍은 무수한 검은 점들은 반복과 집적이라는 쿠사마 야요이 특유의 표현방식이고, 그녀가 끊임없이 고민해온 영원성을 생각하게 한다고 설명문에 쓰여 있다. 어릴 적부터 자신을 괴롭혀온 환각증세를 치유하기 위한 수단으로 예술을 시작했다는 쿠사마 야요이. 머릿속 환상을 밖으로 쏟아내는 작업으로, 세계적으로 유명한 예술가가 되었다. 작품이 좀 더 많았더라면 이해도가 높아졌을 텐데 아쉽다.

본태미술관 2전시관에서 전시 중인 현대미술작품들. 피카소도 있고 달리도 있는데, 전시 작품 수도 적고 아주 유명한 작품은 없었다. 미디어아트의 창시자 백남준 방에는 'TV첼로', '금붕어를 위한 소나티네' 같은 유명 작품들이 전시돼 있다. 모두 네 작품이다. 한 사람당 입장료가 2만 원, 인터넷을 통해 예매를 하면 1만 7,000원이다. 제주도에서 어딜 갈 때는 반드시 사전예약 필요 유무, 티켓 할인 구매 가능 여부 등등을 체크해야 한다. 알면서 깜박하고, 모르면서 무작정 찾아갔다가 손해만 보고 있다. 제임스 터렐의 전시는 보지도 못하고, 입장료는 풀로 다 지불하고. 안도 타다오와 쿠사마 야요이라는 이름에 끌려 찾아간 본태박물관. 전시작품 교체 주기가 너무 먼 건지, 아예 교체를 안 하는 건지, '피안으로 가는 길의 동반자' 전시회는 2015년 기사에서도 소개된 적이 있었다. 중간에 다른 걸 전시하다가 최근에 다시 하는 건지는 모르지만 박물관 소장 작품들이 많은 것 같지는 않다. 한 번 관람으로 충분할 것 같다.

안도 타다오가 그렇게 대단한 건지도 잘 모르겠다. 그의 건축철학이 현대건축에 새로운 방향을 제시했다는데 과연 그런가. 건축 문외한이라 무식해서 그렇다는 소릴 들어도 할 수 없다. 사실 우리 전통 건축은 원래 자연과의 조화를 추구하면서, 주변 경치를 배경으로 삼고, 바람과 햇빛을 집안으로 적당히 끌어들이거나 차단하는 것 아닌가. 이미 오래전부터 우리 조상들이 지켜온 건축철학은 안도 타다오의 그것과 어떻게 다른 것인가. 우리나라 건축가 중에는 안도 타다오 정도 되는 인물이 한 명도 없다는 말인가.

신서귀포 메밀꽃

2021 ㅣ 판타블로(캔버스+아크릴) ㅣ 33.4x24.2cm

제주 세 성씨의 조상, 여기서 결혼하다

오늘은 제주도 동쪽에서 그동안 못 갔던 곳들을 가보자.

우선 일출랜드. 미천굴이라는 자연동굴이 있고, 엄청나게 넓은

야외 정원에 다양한 식물들, 분재원, 조각들, 동백나무들, 잔디밭,

천연염색과 도자기 체험관, 카페, 기념품점, 제주 전통 초가집 등

볼거리가 가득한 곳이다. 요즘엔 각종 놀거리 볼거리 먹을거리가

넘치는 제주도지만 일출랜드는 그런 것들이 많지 않았던 시절부터

있어온, 제주도에서도 고참격인 관광지다. 입구를 들어서자

오른쪽에 있는 커다란 인물상은 포대화상이다. 기원 10세기 중국의

오대십국시대, 항상 긴 막개기에 포대를 걸치고 돌아다니며 탁발을

하고 불쌍한 중생을 도왔다는 후량後梁의 고승, 본명이 계차契此다.

민간에서 미륵보살의 화신으로 알려졌고, 재신으로 받들어 모셨다.

포대화상은 중국 전래의 칠복신 중 한 명이다. 칠복신 신앙은

한국에서는 별 게 없지만, 일본에서는 성하다. 일본의 맥주 브랜드인

에비스(YEBISU)는 칠복신 중 하나인 혜비수惠比壽의 일본식 발음이다.
EBISU라고 해도 될 것을 Y를 추가했다. 일본말로는 에비스이나
영어로 읽으면 예비수이니 예스를 연상시킨다고 생각한 걸까.
설명문에 배꼽을 만지면 포대화상이 환하게 웃는데 착한 사람은
웃음소리를 들을 수 있다고 쓰여 있다. 살짝 배꼽을 만져봤지만
웃음소리는 들을 수 없었다. 일출랜드는 거대한 정원이다. 구역별로
여러 테마로 나뉘어 있어 다 돌아보는 데 상당히 시간이 걸린다.
충분히 시간을 갖고 느긋하게 산책하고 쉬다가 가기에 좋다.
정원 한 쪽에 서 있는 비석이 눈길을 끈다. 정조실록 권541에 실린
지평持平 강성익의 상소문을 요약한 글이 한자, 일어로 새겨져 있다.
강성익이 제주도에 흉년이 들어 말이 많이 굶어 죽은바, 조정이 원하는
만큼의 진상마馬 수를 채울 형편이 못 된다는 사정을 상소문으로
호소하여 제주 백성들을 곤경에서 구했다는 내용이다. 정조 때 종오품
지평 벼슬을 한 강성익은 일출랜드를 설립한 강씨 집안의 조상인
듯하다. 분재원의 작은 석상들. 현무암으로 거칠게 다듬은 얼굴
표정들이 너무 재밌다.
제주도 전통 초가집 한 켠에 재현해 놓은 돗통시도 재밌었다. 과거
제주도에서 이른바 똥돼지를 키우던 곳인데, 엉덩이를 까고 볼일을
보는 아이의 자세와 표정이 너무 리얼하다. '제주도에서는 이런
식으로 돼지를 키웠구나'라고 한눈에 알 수 있게 해놨다. 조각의
거리. 이중섭의 그림을 모티브로 한 것, 생각하는 돌하르방, 자유의
돌하르방… 돌하르방의 변신이 재밌다. 너른 정원 여기저기를
구경하며 돌아다니다 방향을 잃었다. 일출랜드의 핵심 볼거리인

미천굴로 가고 싶은데 못 찾고 헤맸다. 빙빙 돌다 기념품 가게
주인인 듯한 여성에게 물었더니 의아한 표정을 짓는다. 손가락으로
이쪽이라고 가리킨다. 미천굴 불과 몇 미터 앞에서 미천굴이 어디냐고
물으니 한심했을 것이다.

화산학적으로 중요한 가치를 가진 동굴이면서도 민간 소유인 미천굴.
실제 길이는 1,695m지만 개방된 곳은 360m 정도다. 들어갔다
나오는 데 걸리는 시간이 얼마 안 된다. 만장굴은 들어가다 지루해서
중간에 나왔는데 여기선 그럴 일 없다. 종유석이 발달한 석회암
동굴에 비하면 구조가 단순하고 볼거리가 많지 않다. 동굴 자체의
빈약한 구경거리를 다양한 미디어아트 작품들로 보완하고 있다.
색색깔의 조명등이 동굴 안을 수놓고 있었다. 사진 찍기에 좋았다.
코로나 때문에 염색과 도자기 체험관 같은 곳 여러 군데는 문을 닫아
놓았다.

엄청난 규모의 시설을 유지하는 데 드는 비용을 생각하면 현재 수준의
입장객으로는 수지타산을 맞추기가 어렵지 않을까. 일출랜드에서
현재의 어려움을 상징적으로 보여주는 장면이 있었다. 런닝맨
촬영지임을 설명하는 입간판의 사진들은 빛이 바랜 지 오래고, 다른
설명문들도 갈라지고 뜯겨져 있어서, 경영이 어려운 건가, 아니면
관리가 소홀한 건가 하는 생각이 들게 했다. 정교하고 깔끔하게
손질된 정원과는 반대로, 건물의 벗겨진 칠, 벽에 붙여 놓은 설명문의
사라지거나 퇴색된 글자들도 마찬가지였다. 여러 나라 국기들이
바람에 펄럭이고 있었는데 유난히 눈에 들어온 중국과 일본의 국기가
낯설게 느껴졌다.

'김영갑갤러리 두모악 미술관'으로 간다. '두모악'은 한라산의 옛
이름이다. 2002년에 개관했으니 벌써 20년 됐다. 20여 년 동안
제주도에서 살며 사진을 찍다가 루게릭병으로 세상을 떠난 사진작가
김영갑의 작품들이 폐교를 리모델링한 갤러리에 걸려 있다. 8개
교실을 이어 만들었다는 미술관에는 사진작품들과 김영갑 작가가
쓰던 물건들이 전시되어 있다. 갤러리로 바뀌기 전 이곳은 30여년
동안 29회에 걸쳐 701명의 졸업생을 배출한 학교였다. 1967년
삼달국민학교로 개교, 학생들이 점점 줄어들자 1996년 신산초등학교
삼달분교로 바뀐 다음, 1998년 2월말에 문을 닫았다. 학교 마당이었던
정원엔 김영갑 사진가의 벗인 김숙자 작가의 토우 작품들이 전시되고
있다. 토속적인 표정과 자세를 한 작은 토우들이 정원에 동화 속 공간
같은 분위기를 불어넣고 있었다. 전시장 안에 걸린 사진들은 오래전
본 것들이 많았다. 똑같이 본 풍경이라도 사진작가의 앵글에 포착된
제주도는 몰라보게 근사하다.

1957년 충남 부여 출생. 나랑 동갑이다. 제주도에 정착한 후 주로
바람, 오름, 들판, 바다를 찍었다. 제주도 생활 20여 년. 2005년
병마를 이기지 못하고 저승으로 떠났다. 누구보다 제주도를 사랑했던
사진작가 김영갑. 제주도인들에게 전해지는 상상의 섬 이어도, 그
유토피아의 꿈을 이루기 위해서는 일상생활 속에서 절약, 성실, 절제,
인내, 양보의 삶을 살아야 한다는 사실을 제주도인들에게 배웠다는
작가의 말이 건물 벽 높이 새겨져 있었다. 제주도 어디나 그렇지만
김영갑갤러리 역시 전시된 사진들을 감상하고 바깥 벤치에 앉아

바람소리 새소리를 들으며 조용히 사색하기에 좋은 곳이다.
다음 목적지도 일출랜드와 김영갑갤러리에서 가까운 곳이다.
성산읍에 모여 있어 한꺼번에 둘러보기 편하다.

4,300여 년 전 한라산 기슭 모흥혈(삼성혈)에서 솟아난 제주도
고·양·부 세 성씨의 시조들인 '고을나' '양을나' '부을나'는 활을
쏘아 떨어진 곳을 중심으로 사이좋게 제주도를 삼분하여 다스렸다.
'을나'는 '우두머리'란 뜻이다. 어느 날 서귀포 온평리 앞 바다에
떠밀려온 목함 속에서 나온 세 공주와 혼인한다. 공주들이 나온
목함 속에는 오곡의 씨앗들과 망아지 송아지가 들어 있었다.
동물을 사냥하며 살던 세 성씨의 시조들이 공주들과 혼인하고
정착한 것은 제주도가 수렵채집 사회에서 농경사회로 전환한 것을
의미한다. 이들이 결혼 전 목욕재계하고 식을 올렸다는 연못이
혼인지婚姻址다. 연못 지池자가 아니라 터 지址자다. 연못은 작고,
깊어 보이지 않았다. 혼인지는 크게 둘로 구분돼 있다. 연못과
전통혼례관. 넓은 마당이 있는 전통혼례관에서는 전통 결혼식만이
아니라 매년 혼인지축제도 열리는 듯 사진이 들어 있는 입간판들이
서 있다. 흔히 세 공주가 벽랑국에서 왔다고 설명문에는 적혀
있지만 고씨 집안 족보인 영주지의 기록을 인용한 것이고, 정식
역사서인 고려사에는 일본국에서 왔다고 기록돼 있다. 일본에 대한
국민감정을 고려해 그 사실을 숨기고 벽랑국으로 통일하고 있는
것이다. 세 성씨가 결혼했다는 4천여년 전에 일본이라는 나라는
없었고, 왜도 없었다. 고려사를 편찬할 당시의 이름이 일본이었으므로

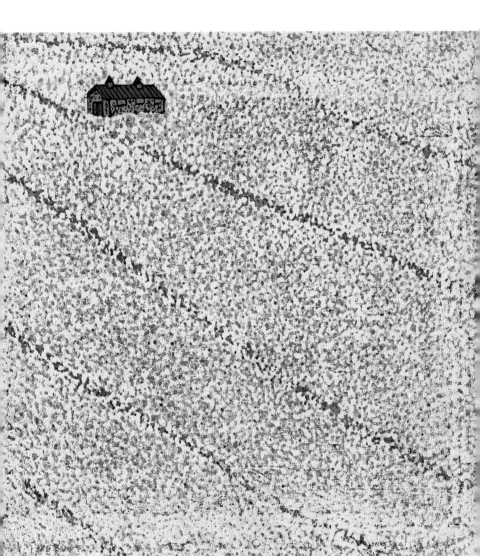

신서귀포 메밀꽃밭
2021 | 판타블로(캔버스+아크릴) | 52x45cm

그리 적었을 것이라고 보는 설이 있다. 먼 옛날 섬나라 탐라국은 조선반도 이상으로 일본, 대만, 류구(오키나와) 같은 섬나라들과 활발한 교류를 했을 것이고, 오늘날과 같은 국가와 민족 개념도 없었을 터이니 고·양·부 세 성씨와 결혼한 공주가 왜에서 왔든 바다 건너 다른 나라에서 왔든 전혀 문제될 게 없는데도 일본국을 숨기고 벽랑국으로 적고 있다. 탐라국 건국신화를 삼성시조로 부르지 말고 탐라건국신화, 삼을나신화로 불러야 한다는 주장도 있다. 탐라국의 존재를 무시하려는 뭍의 정권이 건국신화를 세 성씨의 시조신화로 격하했다는 것이다. 특히 조선시대. 굿을 하는 등 매년 무속으로 지내던 삼성혈 제사를 유교식으로 바꾼 것도 제주도의 지배계층을 체제 안으로 끌어들이기 위한 권력의 의도였단다. 무속신앙은 민중의 것이고, 유교는 지배이데올로기였으므로 둘은 길항적 관계에 있었다. 조선시대에 진행된 제주도 무속 탄압, 본향당 등 신당 파괴, 유교 교육 강화, 박정희가 강압적으로 추진한 새마을운동 미신타파 역시 같은 맥락에서 이해할 수 있다.

혼인지 신화를 편의주의적 아전인수적 해석을 벗어나 좀 더 객관적으로 이해하려는 노력이 필요한 시점이 아닐까 생각했다. 공식 명칭도 삼성시조 신화가 아니라 '탐라건국신화', 삼성혈이 아니라 '모흥혈', '벽랑국'을 일본국으로 아니면 벽랑국과 일본국을 같이 소개하는 방식으로 바꾸는 것까지 포함해서 말이다. 흔히 고-양(량)-부라는 순서로 불리는 제주도 세 성씨. 순서를 놓고도 갈등과 충돌이 있다고 들었다. 조선 정조 때 제주목사가 임금께 올린 장계에도 나온다니 역사가 꽤 오래다. 특히 고씨 양씨 두 집안이 삼성혈에 적는 성씨 순서를 놓고 법적 분쟁까지 벌였다는 기록에는 말문이 막힌다. 신화가 전하는 이야기를 추론해 역사적 진실을 캐내는 일은 중요하다. 하지만 신화는 신화일 뿐이다. 그 후 들어선 권력과 사회의 변화에 따라 계속해서 변용되어 온 것이기도 하다. 그러니 세 성을 돌아가며 부르든 어찌 하든, 사이좋게 지내야 할 것이다. 먼 옛날 활을 쏘아 제주도를 삼분해 살았다는 신화 속 조상들에게 부끄러운 일이 아닐 수 없다.

거문오름 트레킹을 위한 워밍업

내일 거문오름에 간다. 제주도에 온 지 얼마 안 돼 사전예약 안
하고 무작정 갔다가 허탕친 오름이다. 오름 중에서도 지질학적
생물학적으로 매우 가치가 높은 오름이고 트레킹 코스가 재미있어
사람들이 몰린다. 사전 예약을 하려는데 빈 자리가 없어 보름 이상
기다렸다. 내일 거문오름을 마지막으로, 마음 가는대로 돌아다닌
제주도 탐방은 끝낼 생각이다. 오늘은 내일을 위한 워밍업으로 집에서
가까운 오름과 올레코스를 좀 걷자. 서귀포 혁신도시를 감싸고 있는
고근산(또는 고공산)은 내가 있는 법환에서 3km, 차로 10여 분밖에
걸리지 않는 기생화산이다. 산밑에서 꼭대기까지 170여m밖에 안
되고 정상 둘레길을 10분대에 돌 수 있어 가벼운 운동에 최적이다.
주차장에 차를 세우고 정상으로 올라가는 길을 찾는다. 올레길
리본이 달려 있어 어렵지 않게 찾았다. 시작부터 가파른 계단이
이어진다. 가벼운 평상복 차림의 사람들이 많다. 아래 혁신도시

주민들인 듯하다. 어린 아이를 데리고 온 가족도 있다. 물론 배낭을
멘 올레객들도 보인다. 쭉쭉 곧게 뻗은 나무들이 빽빽하다. 금세
오른 정상. 바람이 엄청 세다. 일기예보의 기온만 봐가지곤 가늠하기
힘든 게 제주도 날씨다. 바람을 감안해야 한다. 더우면 벗더라도
집을 나서기 전 여분의 옷을 껴입을 필요가 있다. 고근산 정상.
한라산 설문대할망이 손에 잡힐 듯 가깝고 아래쪽으로 혁신도시의
아파트 숲과 바다에 떠있는 섬들이 보인다. 정상 부근 제법 넓게
움푹 파인 곳이 있다. 분화구인 듯하다. 물은 없고 마른 풀들에 덮여
있다. 서귀포전망대라는 팻말이 붙은 곳. 망원경이 설치돼 있다.
망원경으로 범섬을 본다. 맨눈으로는 잘 보이지 않는 범섬 정상과
뒷부분이 흐릿하게 보인다. 깎아지른 절벽으로만 이루어진 뾰족한
섬인 줄 알았는데, 뒤쪽으로 제법 평평한 곳도 있는 것 같다. 반란을
일으킨 목호 지도자들이 범섬으로 도망쳐 10일을 버텼다는 말이
언뜻 이해되지 않았는데, 지형을 보니 그럴 수 있었을 것 같다. 그래
봤자 범섬에서 목호들은 '독 안에 든 쥐'였고, 최영의 군대에게
참살당하거나 사로잡혀 탐라에서 원나라 세력은 완전히 소멸되었다.
고근산은 서귀포 혁신도시 뒷동산이다. 올레길 7-1 코스에 들어
있어, 정상 부근에 올레객들을 위한 기념 스탬프 상자가 마련돼
있다. 스탬프를 꺼내 손바닥에 찍어본다. 가볍게 정상 부근 둘레길을
한 바퀴 돌고 내려온다. 내친김에 법환포구에서 속골을 지나
돔베낭골까지 해안의 절경을 보며 걷는 올레길 7코스 구간 일부를
걸어갔다 돌아오기로 한다.

법환포구에서 해안 오솔길을 따라 걷는 올레길 7코스. 오른쪽으로
바다와 섬들을 보며 길을 걷는다는 건 정말 기분 좋은 일이다.
제주도에 온 이후 바람 잘 날이 거의 없었지만 역시 바닷가
바람은 세다. 몸에선 땀이 나는데도 머리엔 캡, 그 위에 점퍼에
달린 모자까지 이중으로 뒤집어쓴다. 7코스는 특히 절경으로
유명하다. 제주올레여행자센터에서 월평포구를 지나 월평마을
아왜낭목쉼터까지 17.6km를 걷는 길이다. 원래는 없던 길을 세번째
코스 개척 때 올레지기 김수봉이라는 사람이 염소가 지나가는 걸
보고 그걸 따라 삽과 곡괭이로 길을 만들었다고 한다. 아하. 그래서
팻말에서 본 자연생태길 이름이 수봉로였구나.

법환포구에서 속골 가는 길. 바닷가 수풀이 무성한 곳에 작은
안내판이 있다. '일냉'이라는 곳이다. 이렛날마다 다니던 당인
일냉이당이 있어서 붙은 이름이란다. 법환 동쪽 끝 낮은 해안, 여기서
보는 일출이 장관이라 법환일출봉이라 불리기도 한단다. 근처
서쪽엔 공물깍, 남쪽엔 일냉이여도 있다. '공물'은 천둥과 벼락이 치면
솟아나는 민물샘, '깍'은 끝, '여'는 바다에서 솟아오른 땅이란 뜻이다.
제주도 이름들 참 재밌다. 올레길을 조금 더 가자 올레 안내표지가
바다쪽을 가리킨다. 제법 큰 돌들이 가득한 해변을 지나가는 길이다.
돌 위를 딛다 발이 미끄러져 하마터면 발목을 삘 뻔했다. 조심조심
걷는다. 여행 중 부상은 치명적이다. 너른 유채꽃밭이 나온다.
올레객들을 위해 일부러 조성해놓은 것이다. 아직도 유채꽃이 가득
피어 있다. 높이 자란 야자수들과 노랑 유채꽃밭. 셔터를 누르지
않고는 배길 수 없다. 올레길을 걷다 보면 다양한 꽃들을 만난다. 크고

탐스런 꽃들은 아니고, 작은 들꽃들이지만 형형색색 아름답다. 노란 산괴불주머니, 자주괭이밥, 어릴 적 반지를 만들며 놀던 토끼풀꽃, 무꽃… 범섬은 걷는 내내 계속 따라온다. 한 곳에 서있는 작은 입간판. 영어로 '시크릿가든'이라고 써 있다. 그 뒤로 보이는 범섬을 프레임에 넣어 찰칵. 조금 더 가자 야자수들이 숲을 이루고 있는 곳이 나타난다. 숲 안에 얼기설기 지어놓은 건물이 보인다. 큰 선인장들이 담장을 대신하는 야자수숲 앞 공터에 천막이 쳐져 있다. 모자지간으로 보이는 두 사람이 해삼 멍게 소라를 팔고 있다. 작은 계곡. '속골'이다. 아치형 작은 나무다리 건너 정자에 사람들이 쉬고 있다. 다리를 건너기 전 왼쪽으로 올라가는 오솔길이 있다. 영어로 시크릿가든이라는 작은 입간판이 서있다. 왼쪽 언덕 위에 정자가 있다. 나무데크로 된 전망대도 있다. 작은 오솔길을 올라간다.

속골에서 돔베낭골로 가는 해안 올레는 끊겨 있다. 길을 낼 수 없는 절벽이거나 통과를 허락하지 않는 사유지가 있다. 속골에서 포장도로를 따라 빙 둘러 다시 바다 쪽으로 내려가야 한다. 인도를 걷는데 오른쪽에 서귀포여고가 있다. 교정에 서 있는 큰 비석. 교훈이 적혀 있다. '독지 역학篤志 力學'. '뜻을 착실하게 세우고 학업에 힘쓰자'. 교훈들이 대개 비슷비슷한데 이런 한자어를 쓰는 경우는 드물지 않을까. 개성 있다. 1963년에 개교했고, 만4천 명 이상의 졸업생을 배출했다. 제주도의 가로수로 많이 심어져 있는 먼나무가 학교의 상징나무다. 둥글고 붉게 익은 열매는 중용과 인내를, 훈훈한 향기는 덕을, 늘 푸른 잎은 청운의 꿈을 상징한단다. 제주도에서 자생하는

돔베낭골 일출
2021 | 판타블로(캔버스+아크릴) | 162x112cm

먼나무에 이런 깊은 뜻이 있을 줄 몰랐다.

돔베낭골로 꺾어지는 길. 너른 귤밭이 있고 그 아래 주홍색 기와를 한 유럽풍 건물에 레스토랑이 있다. 눈에 익다. 전에 제주 MBC 이승염 사장이랑 올레길을 걷다가 점심을 먹은 곳이다. 노랑노랑한 귤밭이 보이는 창가에 앉아 종업원이 권하는 메뉴를 먹었다. 비싸고 맛없었다고 기억한다. 먹는 내내 후회했다. 올레길로 되돌아가 잠시 걸으니 다시 우회하라는 표지가 나온다. 사유지다. 양쪽의 높은 돌담 사이로 난 좁은 길을 빠져나와 우회전 다시 우회전. 올레 표시 리본을 따라 가니 흰 목재 주택 뒤로 잘 단장된 정원에 많은 조각품들이 놓여 있다. '카페 60빈스'다. 사유지지만 소유자인 바닷가하얀집펜션과 카페 60빈스의 협조로 통과할 수 있게 되었으니 감사한 마음을 가지시라 는 안내문이 달려 있다. 대평리 박수기정 정상부의 땅 수만 평 밭을 소작 주면서 바닷가 올레길을 막고, 있지도 않은 개 조심하라고 큼지막한 말뚝 간판을 세워놓은 것과 비교하면 고마운 일이다. 커피라도 한 잔 마셔줘야지. 종이컵에 나온 커피값을 듣고 놀란다. 블랙커피 6,000원, 라떼 7,000원. 호텔 빼놓고 제주도에 온 이래 가장 비싼 커피다. 맛은? 음. 올레길을 개방해준 주인에게 감사한 마음이 조금 줄어들었다. 맛은 둘째 치고 예쁜 잔에라도 담아주었으면 나았을 것이다.

바닷가하얀집펜션에서 카페 60빈스에 이르는 부지는 매우 잘 정돈되어 있고, 많은 조각품들이 놓여 있어, 야외 미술관에 온 느낌이 난다. 찬찬히 보니 돔베낭골은 속골에 비하면 부자들이 모여 있다는 냄새가 물씬 난다. 큰 저택들이 많이 보이고, 저 위로 고급일 것 같은

아파트 공사가 한창이다. 건너편 절벽 오른쪽 멀리 문섬과 새끼섬이
보인다. 그 앞 해안에 외돌개, 황우지해안, 폭풍의 언덕이 있고,
외돌개휴게소가 있다. 거문오름 탐방에 대비해 워밍업으로 조금
걷자고 한 것이 본격적인 올레길 트레킹이 되고 말았다.

밤 11시 30분 솔동산로

2021 | 판타블로(캔버스+아크릴) | 24.2x33.4cm

대망의 거문오름을 오르다

거문오름. 한 달 제주도 탐방 마지막 목적지다. 바람 엄청 센 날 왔다가
허탕친 곳이다. 한 달 살기 끝나기 전에 기어코 와야만 했다. 제주도를
떠나기 이틀 전에 겨우 자리가 나서 예약을 했다. 구불구불한 산길을
달려오느라 도착이 예약 시간 열시에서 오분 늦었다. 티켓을 사고
출입증을 받아 가슴에 단다.

"배낭 안에 먹을 것 있으면 전부 꺼내놓고 가세요."

엥? 토마토와 바나나 몇 개, 그리고 생수 한 병을 가져왔는데, 전부
로커에 넣어두고 가라고? 생수는 갖고 가도 된단다. 먹는 건 초콜릿도
안 된다. 당이 떨어지면 곤란한 환자는 어떡하라고, 물어보고 싶지만
참는다. 쓰레기 걱정 때문이겠지. 사전예약을 받고 신분을 확인하고
인솔자가 있고, 이런 번거로운 절차를 거쳐서까지 거문오름을
오고 싶어 한 사람들이라면 교양도 있을 텐데, 이렇게까지 해야
하나. 의문은 맘속으로만 품고 순순히 따른다. 천생 모범생이다.

그런데 10시 팀은 이미 떠났으니 기다렸다가 10시 30분 팀하고 같이 들어가야 한단다. 그동안 전시관에 가서 구경하고 오라고 해서 매표소에 가서 전시관 관람용 무료 티켓을 받는다. 전시관 안에 있는 작은 원형극장. 제주도의 사계, 화산 폭발과 용암에 의해 만들어진 제주도의 지질과 지형 등을 소재로 한 영상물이 상영 중이다. 바닥 의자에 앉아서 구경한다. 탐방은 한 팀당 30명, 30분 간격을 두고 9시부터 시작한다. 오후 1시 출발이 마지막이다. 세계자연유산해설사 명찰을 단 인솔자를 따라 가면 된다.

거문오름 탐방 코스는 모두 세 종류로 1, 2코스까지 해설사가 안내하고 3코스는 희망자에 한해 인솔자 없이 자율적으로 걸으면 된다.

1코스=정상코스=약 1.8km. 약 1시간.

2코스=분화구코스=약 5.5km. 약 2시간 반.

3코스=전체코스, 태극길=약 10km. 약 3시간 반.

거문오름의 '거문'은 '신'을 뜻하는 말이다. 금, 검, 곰, 감. 모두 같은 말이다. 단군왕검의 검, 동물 곰. 임금의 금. 일본어로 곰을 의미하는 쿠마, 신을 의미하는 카미. 모두 어원이 같다. 사람 모습을 한 신이라는 천황을 일컫는 말, 현인신現人神의 발음은 아라히토가미다. '가미' 즉 단군왕검의 검이다. 쿠마熊는 곰이라는 뜻인데, 조선민족의 어머니는 곰=신이다. 쿠마는 크고 힘세다는 뜻으로 명사 앞에 붙여 쓰기도 한다. 대형종 매미인 말매미는 쿠마제미熊蟬라고 읽는다. 쿠마=곰은 크고 힘이 세다. 발음이 변했을 뿐 어원이 한국어인 일본어 단어들이 정말 많다. 신을 의미하는 말인 카미도 한국에서 건너간 것이다. 천황도 백제계니 실제로 현인신(아라히토가미)도 조선대륙에서 일본열도로 건너간 것이다. 거문오름(=신오름)이 오름 중에서도 특별히 신령스러운 오름인 까닭이다. 탐방소 입구. 거문오름의 한자 표기는 拒文岳이다. 중국어 발음으로는 전혀 비슷하지 않으나 뜻은 절묘하달 수 있겠다. 글을 거부하는 산. 너무 아름답고 신비해서 글로 표현할 수 없는 산. 그럴 듯하다. 해설사가 입구에서 얼마 올라가지 않은 곳에 멈춘다. 길가, 숲 가장자리에 동그란 돌이 있다. 해설사가 탐방객들에게 묻는다.

"이게 뭔지 아시나요?"

"화산탄입니다. 화산이 폭발할 때 날아와 박힌 겁니다. 제주도 말로는 불칸돌이라고 합니다."

거대한 불기둥이 치솟으면서 시뻘건 불덩이들이 수도 없이 하늘을 날아 사방으로 떨어진다. 식으면 돌이지만 무시무시한 파괴력을 가진 탄환이다. 총알만한 것도 있고 거대한 포탄도 있다. 수월봉 해안절벽에 무수히 박혀 있는 돌들이 화산탄이다. 화산탄=불칸돌. 제주도에서는 불탄다를 불칸다라고 한다. 불에 탄 돌이니 불칸돌이다. 불에 탄 나무는 불칸낭이라고 한다. 불칸, 영어로 VULCAN. 불카누스(VULCANUS)에서 왔다. 고대 로마시대, 화산의 불과 대장일(fire and metalworking)을 관장하는 신이다. 그리스에서는 헤파이스토스(Hephaestus)라고 부른다. 손에 대장장이 망치를 든 조각상으로 묘사된다.

재밌지 않은가. 불칸돌. 불칸이 만들어낸 돌. 엉뚱한 생각을 한다. 모든

언어의 어원은 한국어 아닌가. 어불성설이다. 그런데, 실제로 그렇게
주장하는 이들이 있다. 말이라는 게 서로 섞이게 마련이지만, 지나친
억지다. 그래도 그런 상상을 해보는 건 재미있는 일이다.

불칸(VULCAN)의 영어 발음은 벌컨에 가깝다. 미국이 개발한 벌컨포.
여섯 개의 포신이 회전하면서 1분에 벌건 탄환 6천발을 발사하는
가공할 대공 무기다. 사람 죽이는 무기에 자기 이름을 붙인 걸 알면
불카누스신이 뭐라고 할까. 열불이 나서 술 한 잔 마시고 불콰한
얼굴로 불같이 화火를 내지 않았을까.

화산탄 옆에 연두색으로 자라난 풀.

"천남성이란 겁니다. 절대 만지거나 먹으면 안 됩니다. 독성이 강해
사약에 쓰는 겁니다."

잎사귀가 보드랍게 생겨 나물로 알고 잘못 먹었다가는 큰일이 생길 수
있다.

"아주 묘한 풀입니다. 성별을 지맘대로 바꿀 수 있습니다. 살아갈
조건이 안 좋으면 남성, 좋으면 여성을 스스로 선택합니다.
가운데 끝이 아래쪽으로 꺾여 있는 게 뱀대가리를 닮았다고 해서
사두초라고도 합니다."

유네스코세계자연유산해설사 강경수 씨는 교직을 마치고 해설사로
봉사한 지 4년째라고 했다. 제주도 억양의 담담한 해설이 귀에 쏙쏙
들어온다. 화산, 생물, 지질… 공부를 많이 해야 할 것 같다. 해설사로
일해서 밥 먹고 사는 건 안 되지만 나이 들어 보람 있는 일이라고
말했다. 교사 출신이라면 더욱 잘 맞을 것이다. 해설을 들으며
입구에서 시작된 경사길을 한참 오르자 갈래길이 나온다. 왼쪽은

1코스 전망대로 가는 길, 오른쪽은 3코스까지 끝낸 사람들이 내려오는 길이다. 바로 가파른 계단이 시작된다.

"모두 243갭니다. 그래봤자 5분이면 됩니다. 여기만 올라가면 나머진 힘들 게 전혀 없습니다."

해설사의 말이 그렇다는 것이지 계단은 힘들다. 탐방이 끝날 때쯤 이런 계단이 있다면 더 힘들 것이다.

"저건 제주도에서 자생하는 금새우란이라는 겁니다."

푸른 잎들 가운데 솟은 줄기 주위에 작은 노랑 꽃들이 고개를 숙이고 잔뜩 매달려 있다.

"무슨 냄새 안 나요? 구린내 같기도 하고 향기 같기도 하고. 상산나무라는 겁니다. 상산 조자룡 할 때 그 상산."

길가에 많이 자라고 있다. 가느다란 줄기에 나뭇잎이 무수히 달려 있고, 작은 꽃으로 보이는 것들이 잔뜩 달려 있다.

"만지면 냄새가 더 강해집니다. 구린내 같다고 싫어하는 사람도 있고, 강한 향을 좋아하는 사람도 있습니다. 똥파리들이 꼬이는 게 냄새 때문입니다."

코를 대고 맡아보니 강하긴 한데 밤꽃 냄새만큼은 아니다. 구린내 같지도 않다. 상산나무가 발산하는 피톤치드 냄새라니 더 많이 들이마시면 좋은 것 아닌가. 정상에 오른다. 456m라는 표지석이 있다. 해수면에서 그렇다는 것이고 오름 아래서부터 따지면 110m 정도밖에 되지 않는 낮은 동산이다. 요즘엔 해발이라는 말을 사용하지 않는단다. 온난화로 해수면이 조금씩 상승하니 더 이상 안 맞는단다. 조금 더 가니 나무 데크가 있고 멀리 바다가 보인다. 하늘이 더 맑은

날엔 추자도, 보길도까지 보인단다. 초장에 힘든 계단을 주파하고 나니 내려가는 건 일도 아니다. 흙길도 있고 긴 나무 계단도 있다. 1코스가 끝나는 지점까지 내려간다. 완전 평지다. 갈래길이 있다. 왼쪽으로 가면 탐방안내소, 오른쪽으로 가면 2코스다.

"여기까지 하실 분들은 왼쪽으로 가시면 됩니다. 돌아가실 분 안 계신가요?"

1코스만 끝내고 돌아갈 사람은 한 명도 없다. 다 같이 2코스를 걷는다. 아이를 데려온 가족도 있고, 나이든 부부도 있고, 혼자 온 젊은 여성도 있다. 모르긴 해도 우리가 제일 나이 들었을 수도 있겠다. 제주도 온 이후 매일 걸어서 다리가 많이 튼튼해졌다. 한라산 영실코스도 스무날쯤 지났을 때 가서 큰 문제 없었다. 거문오름을 마지막으로 한 것도 잘한 일이다. 한 달 살기를 시작한 직후에 힘든 코스에 도전했더라면 중도 포기를 했을지도 모른다. 2코스 중간 중간 용암협곡(용암붕괴도랑)을 만난다. 용암이 흐를 때 찬 공기와 접촉하는 윗부분은 빨리 식어 굳어지고 그 밑을 흐르는 용암은 빠져 나가면서 동굴을 만든다. 시간이 지나 동굴이 무너지면 계곡이 만들어진단다. 한 곳에 이르렀을 때 해설사가 참가자에게 발로 지면을 세게 밟아보라 했다. 쿵쿵 울리는 소리가 났다.

"이 아래 동굴이 있을 확률이 큽니다. 무너지면 옆에 보는 것처럼 이런 계곡이 되는 겁니다."

거문오름 탐방은 다채로운 코스를 걷는 즐거움만이 아니라 풀, 나무, 화산, 지질을 배우는 재미도 있다. 뿌리가 뽑힌 채 자빠져 있는 커다란

하예중동길

2021 ｜ 판타블로(캔버스+아크릴) ｜ 33.3x24.2cm

나무를 만난다.

"몇 년 전 태풍 때 넘어진 겁니다. 넘어진 그대로 놔둬야 합니다."

길 옆에 바짝 붙어 나무데크를 찌그러뜨린 큰 바윗덩어리도 있다.

"지난 태풍 때 위에서 굴러 떨어진 겁니다. 바위를 바치고 있던 흙이 빗물에 쓸려내려가니 제자리에 있을 수 없었던 거지요."

"거문오름에서는 자연보호도 해서는 안 됩니다. 그냥 그대로 놔둬야 합니다. 자연을 훼손하면 5,000만 원 벌금에 구속까지 될 수 있습니다."

그런데, 군데군데 잘린 나무들이 있다.

"여기 쭉쭉 뻗은 나무들 이건 삼나무입니다. 1970년대 인공적으로 조림한 숲인데 그때는 이게 좋다고 일본에서 들여와 심었습니다. 그런데, 유네스코에서도 이건 좀 베어내는 게 좋겠다는 권고가 있었습니다. 자연적인 식생이 아니라는 것이지요. 앞으로 20년에 걸쳐서 조금씩 베어낸답니다. 일부 베어낸 곳에 금세 다른 나무들과 풀들이 자라서 회복되는 걸 확인했습니다."

일본에 엄청나게 많은 삼나무. 우리 땅에는 없는 나무다. 쭉쭉 곧게 빨리 자라는 삼나무가 좋아보였지만 지금은 베어내야 할 처지다. 미국의 산림이 산불에 취약한 건 쭉쭉 뻗은 나무들 사이로 바람이 빠르게 통과할 수 있기 때문이다. 산불 고속도로다. 반면 제주도 곶자왈은 나무들과 덩굴식물들이 얼크러져 산다. 땅속에서 올라오는 습기를 머금은 공기와 미로처럼 얽힌 숲은 불에 잘 타지도 않고 빠르게 번지지도 않는다. 산불의 입장에서 보면 장애물이 많은 비포장 자갈길이다. 옛날엔 거저나 다름없는 값으로 팔고 샀다는 곶자왈은 다른 데서 볼 수 없는 제주도의 보물이다. 그 넓은 곶자왈이 엄청나게 훼손되고 파괴되고 있다. 중국자본이 100만 평이 넘는 땅을 사들여 개발하고 있는 신화월드가 그렇다고 해설사가 말했다. 돈 욕심에 가장 제주도를 제주도답게 만들고 있는 곶자왈을 없애버린다면 제주도는 더 이상 제주도가 아니게 될 것이다. 사람들도 더 이상 찾지 않을 것이다. 당장 눈앞의 이익인가 영구적으로 가치를 생산해줄 자연인가. 깊이 생각해봐야 한다.

"전국에서 제주도민들 아토피 발병률이 가장 높습니다. 삼나무 꽃가루 때문입니다. 일본 사람들 중에 아토피를 앓고 있는 비율이 높은 것도 삼나무 때문입니다. 봄이면 삼나무 꽃가루 예보를 할 정돕니다."
자연은 예로부터 있어온 그대로 있는 게 최고다. 물론 환경근본주의는 옳지 않다. 인간에게 이롭게 이용하되 개발은 최대한 신중하게 해야 한다. 한 번 파괴된 자연을 복원하는 일은 지난한 일이다.

전망대에서 분화구를 내려다본다. 지역민들이 '거멀창'이라고 부르는 거문오름 분화구는 제주도에서 가장 크다. 한라산 백록담의 두 배 반이나 된다. 분화구에 용암이 흘러내려간 자국이 보인다. 화산에서 분출한 용암은 월정리 포구까지 14km를 흘러갔다. 구불구불 곡선으로 재면 25km에 달한다. 용암은 흘러가면서 여러 개의 동굴을 만들었다. 뱅뒤굴, 김녕굴, 만장굴, 용천동굴이 그것이다. 합해서 '거문오름동굴계'라고 한다. 그중 만장굴은 세계에서 가장 긴 용암동굴로 길이가 13,422m에 달한다. 입구에서 1km 정도까지만 공개되어 있고 나머지는 비공개다. 만장굴 최초 발견자는 고 부종휴

선생이다. 1946년 김녕국민학교 부종휴 교사는 제자 30명으로
탐험대를 꾸려 동굴을 탐사했다. 깜깜한 동굴 속을 횃불을 켜들고 한
발 한 발 전진하며 높이, 길이, 폭을 재고 기록했다. 작년인가, 제주도
출장 후 만장굴을 방문했을 때 부종휴 선생과 어린 제자들의 탐험
모습을 표현한 부조물을 봤다. 부종휴 선생은 1962년 한라산에서
왕벚꽃 자생지를 발견하여 발표했는데 한라산과 제주도를 누구보다
사랑하고 연구한 분이다. 한라산 식물의 90%는 부종휴 선생이
처음으로 발견한 것이라고 한다. 일찍이 1963년에 한라산 보호의
필요성을 제기한 선각자다. 1969년에는 자신이 발견한 만장굴 속에서
결혼식을 올렸다. 삼성혈이란 구멍에서 솟아난 고양부 세 성씨 중
하나인 부씨의 후손으로서, 굴에서 태어난 조상을 둔 사람이 한국
최초로 동굴에서 결혼식을 올린다고 화제가 됐다. 대대적인 언론보도
덕에 만장굴은 일약 전국적으로 유명해졌으며 이후 관광객이
급증했다.

깊이가 35m에 달하는 수직동굴이 있었다. 위아래 두 개의 동굴이
있었는데, 위의 동굴이 무너져 밑의 동굴과 합쳐진 탓에 깊은 굴이
생겼다. 시커먼 굴 입구를 쇠막대기 격자로 봉쇄해 놓았다. 과거,
수직동굴에서 간혹 소나 말 울음소리가 들릴 때가 있었단다. 놓아
먹이는 가축이 이동하다 빠져서 나오지 못하고 울부짖는 소리였단다.
가족 중에 오름에 갔다가 수직굴에 빠져서 실종된 경우도 있었단다.
거문오름 곶자왈에는 숨골이나 수직굴 같은 구멍들이 많은데,
인공적으로 뚫은 굴도 있다. 일본군이 열 개의 갱도진지를 팠다.
2차대전 말기 일본은 6천 명의 군대를 제주도에 주둔시키고 미군과

최후의 결전을 준비했다. 섬 도처에 비행기 격납고, 인간어뢰 기지, 포진지, 갱도진지를 만들어 섬 전체를 요새화했다. 원자폭탄 두 발이 아니었으면 제주도도 오키나와 꼴이 날 뻔했다. 엄청나게 많은 제주도민들이 희생되었을 것이다. 일본이 세계에서 유일하게 원자폭탄에 당한 피해국가라는 점을 부각시키며 전쟁 책임을 희석시키려 기도하지만 별 공감을 얻지 못하는 데는 다 이유가 있다. 108여단이 주둔했던 곳의 굴 입구에 일본군 갱도진지라는 팻말이 있었다. 일본군은 또 마차가 지나갈 정도의 길을 내기 위해 제주도민들을 강제 동원했다. 파도 파도 돌뿐인 곳이니 그 고생이 어떠했을지 짐작이 간다. 아름다운 제주도 풍경 속 도처에 일본이 할퀸 상처가 이렇게나 많다는 사실에 거듭 놀란다.

거문오름은 식생의 보고다. 중국 일본에 이어 세 번째로 발견되었다는 주걱비름이 노란 꽃을 달고 바위 위에 군집을 이루고 있다. 흔한 야생화로 알고 지나쳤을 작은 풀이 설명을 듣고나니 새삼 귀하게 느껴진다. 금새우란처럼 눈에 띄지 않지만 제주에만 자생하는 새우란도 있다.

"가장자리가 흰 줄로 둘러쳐진 키 작은 대나무 보이시죠. 한라무늬 조릿대라는 겁니다. 어찌나 번식력이 강한지 한 번 퍼지면 다른 식물들을 자라지 못하게 합니다. 너무 퍼지면 안 되는데 걱정입니다."

거문오름 한 곳에서 나무데크길 양쪽을 온통 뒤덮고 있는 조릿대숲을 발견했다. 과연 다른 나무나 풀들은 없고 전부 조릿대뿐이다. 이럴 경우 그냥 내버려두는 건지 궁금하다. 좋은 점도 있다. 조릿대잎은 차로 만들어 마신단다. 고혈압에 좋단다. 자연유산보호 개념이 없었던 시절. 거문오름 안에는 숯가마터가 있었다. 숯일꾼들은 가마를 만들고 그 앞에서 몇 날을 묵으며 숯을 구웠다. 가마터에 팻말이 있다. 2코스가 끝나는 지점. 해설사는 여기까지 동행한다.

"3코스 더 걷고 싶은 분은 이 길로 가시면 됩니다."

우리 빼고 희망자가 한 명도 없다. 모두들 탐방을 끝내고 돌아간다. 지금까지 약 5.5km를 걸었다. 힘들다. 속으로는 이쯤 했으면 충분하지 않나 생각하지만 말을 꺼낼 분위기가 아니다. 거문오름 타령을 한 아내는 2코스로 끝낼 생각이 전혀 없다. 시간을 보니 열두시가 넘었다. 꼬르륵. 배고프다. 생수 빼고 먹을 건 전부 로커에 넣어두고 왔다. 3코스를 더하면 모두 10킬로를 걸어야 하는데, 어쩔 수 없다. 거문오름에는 분화구를 둘러싸고 모두 아홉 개의 봉우리가 있다. 1코스 시작하자마자 가파른 계단을 올라 도착한 첫 번째 봉우리 이후로 봉우리를 넘은 적이 없다. 남아 있는 여덟 개의 봉우리는 모두 3코스에 있다. 내려갔다 올라갔다 끝없이 되풀이 되는 산길. 생각하면 아득하다. 하지만 언제나 그렇듯 눈과 머리는 게으르고 발은 부지런하다. 묵묵히 걷다 보면 끝이 있겠지. 흙을 밟고 걷는 건 기분 좋다. 끝도 없이 계속되는 나무 계단길은 너무 싫다. 그런데, 계단이 굉장히 많다. 오르락내리락. 중간 중간 철퍼덕 주저앉아 한참을 쉬고 다시 걷는데도 기력이 거의 다 빠져나갔다. 평평한 나무데크 위에 벌러덩 눕는다. 새소리 바람소리 말고 다른 소음은 들리지 않는다. 평화롭다. 높이 치솟은 나무들이 하늘에 머리를 맞대고 모여 있다. 시합 전 손을 내밀어 화이팅을 외치려는 것 같이 보인다. 부는 바람에 금세 몸이 식는다. 춥다. 벗은 점퍼를 몸 위에 덮는다.

"다 왔어. 여기가 끝이야." 멀리 계단 아래서 아내가 부른다. 모습은 보이지 않고 목소리만 들린다. 일어나서 계단을 내려간다. 나무들 사이로 작은 집이 보인다. 초소다. 1코스 시작 지점과 3코스 종점이 만나는 갈래길이다. 경사진 길을 따라 한 무리의 사람들이 올라오고 있다. 탐방을 시작하는 사람들이다. 허기지고 지친 몸에 갑자기 힘이 솟는다. 10km 산길을 세 시간 반에 주파했다. 마치고 나니 스스로 대견하다. 거문오름 탐방은 눈 귀 코 입이 즐거운 체험이다. 눈으로 아름다운 경치를 보고, 귀로 재미있고 유익한 해설을 듣고, 코로 숲과 꽃의 향내를 맡고. 입은? 끝나고 나가서 식사를 하면 그렇게 맛있을 수 없으니 입이 즐겁지 않겠느냐. 강경수 해설사의 말이다.

거문오름을 내려와 점심을 먹기 위해 제법 떨어진 곳까지 차를 몬다. 20분 가까이 바닷쪽을 향해 달려 도착한다. 도로변의 특별할 것 없는 흑돼지 전문 음식점이다. 오후 두 시가 넘은 시각. 문을 열고 들어간다. 왼쪽에 커다란 냉장고. 카운터 뒤 벽에 표창장 자격증 같아 보이는 패와 액자들, 신문기사를 액자에 넣어 걸어둔 것들도 있다. 보통 돼지고기음식점에서 보기 어려운 광경이다.

홀에는 젊은이들이 두 테이블을 차지하고 고기를 굽고 있다. 불고기를 시킨다. 서울에서 흔히 보는 보들보들한 돼지불고기 하고는 달리 육질이 쫄깃쫄깃하다. 배도 고픈데 거문오름 가까운 데서 먹을 것이지 굳이 멀리 어딜 찾아가느냐 못마땅해 하던 아내가 상추에 싸서 한 입 먹더니 말한다.

제주의 새벽하늘
2021 ｜ 판타블로(캔버스+아크릴) ｜ 25.8x17.9cm

"쫄깃쫄깃 맛있네."

굳이 왜 조천읍 조천리 '충세흑돼지집'까지 찾아갔는가 하면… 열흘 전쯤. 광주에서 지인이 전화를 해왔다. '여성화가가 제주도 여행 갔다가 흑돼지사업으로 유명한 남편을 만나 재혼을 해서 식당을 하고 있는데 그 스토리가 드라마틱하다'는 내용이었다. 전혀 안면이 없는 분을, 딱히 이유가 있는 것도 아닌데 서귀포에서 굳이 찾아갈 것까진 없고 가까운 데 갈 기회가 있으면 한 번 들러봐야지 생각하고 잊고 있었는데, 며칠 후 휴대폰에 모르는 번호가 떴다.

"정혜인이라고 합니다. 광주 MBC ○○○ 국장 아시지요? 오랜만에 나한테 전화를 해서는 좋아하는 분이 제주도 한 달 살기 갔는데 꼭 한 번 만나보라대요. 워낙 송 사장님 칭찬을 많이 하는 통에 안 만나면 안 될 것 같아서 전화했습니다."

성격이 화끈할 것 같은 목소리였다.

"예. 확언은 못 드리겠지만, 형편 봐서 한 번 들르겠습니다."

그렇게 된 것이었다. 그런데 이 식당 알고 보니 대단한 곳이다. 제주흑돼지를 처음 만들어 전국에 알린 김충세 씨가 운영하는 음식점이었다.

충세영농조합 김충세 대표는 1990년대 초반 제주도양돈협회장이었을 때 제주도축산진흥원이 제안한 새 품종 개량 프로젝트를 맡아 수행했다. 재래종 제주흑돼지는 껍질이 너무 두껍고 뼈가 굵고 몸집이 작아서 고기 생산량이 적었다. 2년 가까운 개량 사업 끝에 새로운 흑돼지를 만들어냈다. 1993년 도뚜리(돗과 우리를 합한 말. 돗은 제주말로 돼지)라는 브랜드로 제주흑돼지를 본격적으로 알리고 판매했다. 오래지 않아 소비자들의 입맛을 사로잡아 대박이 났다.

"아내하고 만나신 게 드라마틱하다고 들었습니다만."

"아, 그거요."

둘은 재혼이다. 김충세 씨가 도뚜리로 성공해 돈을 많이 벌었던 때 제주도에서 몇 대 없는 큰 차를 몰았다. 그런데 친구들과 제주도 여행을 하던 아내 정혜인 씨가 몰던 렌터카랑 제주 시내에서 접촉사고가 났다. 사고 처리 과정에서 알게 됐다. 그러고 헤어졌는데, 얼마 후 제주시내 한 식당에서 다시 마주쳤다. 그렇게 하다 결국 결혼까지 하게 됐다. 벌써 20여 년 전 일이다. 음식점 안에 그림 여러 점이 걸려 있다.

"우리 집사람이 그린 그림들입니다. 미대를 졸업한 화가예요."

목소리에 아내 자랑이 묻어난다.

"이 식당은 부업이고요, 주업은 흑돼지고기 판매업입니다. 전국의 제주도 흑돼지 식당들에게 고기를 공급하고 있어요."

아들들이 있지만 모두 다른 분야에서 성공해 아버지 일을 이을 생각이 없다. 조천읍 선흘리에 돼지를 키우는 농장이 있다.

"우리집에선 사실 불고기보다는 구이로 드셔야 되는데요."

"대낮부터 고기 구워 먹기가 좀 그래서 불고기로 시켰는데 쫄깃한 게 정말 맛있네요."

1인분에 8,000원. 가성비도 좋다. 이걸로 선물해도 좋겠다. 항스페셜, 함박살, 특정살. 부위 별로 하나씩 냉동포장해서 적어준 주소로 보내달라 부탁한다.

"제주흑돼지 선물로 좋습니다. 소고기처럼 비싸지도 않지요. 뭍에서 보기 힘들지요. 가성비 최고 선물입니다."

충세영농조합법인 대표 김충세 씨. 뜻밖에 유명한 제주흑돼지를
개발한 주인공을 만났다.

"제주도에서 할 건 다했네. 마지막으로 충세흑돼지까지. 못 만나서
아쉬운 사람들이 있지만, 다음에 기회가 있겠지. 제주도 한 달 살기는
이걸로 끝."

모레. 드디어 서울집으로 간다.

나주에서 건너온 또 다른 뱀신

제주도에서 할 일은 다 했다고 생각했는데, 그게 아니었다. 윤봉택 선생한테 문자가 왔다. 제주도의 전설 신화 역사를 잘 아는 윤봉택 선생에게 지난주 조천 새콧할망당의 위치를 물어봤는데 알아봐서 연락해주겠다고 하더니 문자가 왔다. 주소, 사진, 그리고 새콧할망당 전설과 함께. 새콧할망당 전설은 나주에서 역사에 정통한 후배에게 들은 적이 있으나 제대로는 책에서 확인했다. 책 『제주도신화』(현용준 지음)에는 이렇게 나온다.

제주도에 7년 가뭄이 들었다. 백성이 다 죽게 생기자 제주목사가 부자 선주인 안씨에게 협조를 구한다. 안씨가 일군들을 데리고 곡창인 전라도로 배를 몰고 가서 여기저기 곡식을 사러 돌아다녔으나 구하지 못한다. 어떤 사람을 만났는데, 나주 기민창의 묵은 쌀을 처분하지 못해 살 사람을 구하는 중이었다. 끌고 간 배들에 쌀을 가득

신고 제주도로 돌아오는데 조천 앞바다에서 돌연 풍랑이 일더니
배 밑바닥에 구멍이 뚫려 가라앉기 시작했다. 하늘님에게 살려
달라 간절히 빌었더니 배가 둥둥 떴다. 큰 구렁이가 구멍을 막고
있는 게 아닌가. 배는 무사히 포구에 닿았다. 구렁이가 틀림없이
자손들을 보살피는 조상이라고 생각한 안씨 선주는 집으로 내달려
목욕재계하고 향불을 피워 들고 술상을 차려 포구로 달려갔다. 집으로
같이 가자는 애원에 드디어 몸을 움직인 뱀은 안씨 집까지 따라가
집안을 한 번 둘러본 후 새콧알로 내려갔다. 뱀 옆에서 깜박 잠이
들었다. 꿈속에서 뱀은 원래 자기가 나주 기민창을 지키던 조상인데,
창고가 비어 갈 데가 없어져 배를 따라왔으니, 정해준 날짜에 제물을
바치고 잘 모시면 큰 부자가 되게 해주겠노라고 말했다. 꿈에서
깨어보니 뱀은 스르르 새콧알의 구멍 속으로 몸을 감추었다. 조천
포구를 드나드는 배들, 해녀들을 보호하는 신이 된 뱀을 조천 사람들은
새콧할망당을 세우고 극진히 모셨다. 안씨 선주는 이 뱀을 고방(곳간)에
부군칠성으로 모시고 대를 이어가며 지극정성을 다해 모셨다.
자손들이 번창하고 더 큰 부자가 되었다.(요약)

잠깐 다른 얘기를 하자면, 전설과 신화에 나오는 뱀, 용, 지렁이는
사실 같은 계통이 아닌가 하는 생각이다. 보통 사람들 꿈에도 뱀과
지렁이는 많이 등장하는데, 특히 위인들의 태몽에 많다. 가령,
삼별초의 김통정 장군. 과부였던 어머니가 지렁이와 정을 통해
아들을 낳았다. 피부에 비늘이 덮여 있었고 겨드랑이 밑에 작은
날개가 돋아 있었다. 나중에 아버지가 지렁이라는 말을 듣고 담밑을

신창2리 동네
2021 ｜ 판타블로(캔버스+아크릴) ｜ 33.3x24.2cm

파 그 안에 있던 지렁이를 밟아죽인다. 아버지를 죽인 것이다.

원나라에 항복하기를 거부한 후, 삼별초를 이끌고 탐라로 들어간다.

항파두리성을 쌓고 해상왕국을 자처하면서 전라도에 출몰하며

세력을 떨치지만 결국 몽골고려 연합군에 패배한다. 사로잡힌

부하들은 나주로 이송된 후 졸개들을 제외한 측근들 수십 명이

처형당한다. 김통정 장군이 싸우다 죽으면서 흘린 피로 오름이 붉게

물들었다. 붉은오름이다. 한참 싸우던 중 꿈을 꾸었는데, 지렁이가

나타나 말했다. 나는 네가 밟아죽인 지렁이다. 안 그랬으면 얼마 안

있어 지룡이 되었을 터인데 너 때문에 그러지 못했다. 내가 지룡이

되었다면 너는 대권을 쥐었을 터인데, 나를 죽인 탓에 너의 운은
여기까지다. 대충 이런 얘기를 했단다.

맨 처음 거문오름 대신 잘못 찾아갔다가 허탕친 오름은
검은오름이었다. 지도를 보다가 검은오름도 있고 붉은오름도 있네,
한 적이 있다. 김통정 장군이 최후를 맞았던 오름이라는 건 몰랐다.
김통정 장군의 최후에 관해서는 여러 가지 설들이 있고, 붉은오름의
피에 관해서도 다른 설이 있다. 김통정 장군이 출정하기 전에 자신의
손으로 죽인 아내와 자식들이 흘린 피로 오름이 붉게 물들었다, 라는
것이다.

얘기가 곁길로 샜지만 어쨌든 뱀은 잘 모시면 재물과 재복을
가져다주는 신이다. 제주도에서 뱀을 수호신으로 모시는 곳의
대표적인 데가 토산2리 본향당이고, 조천 새콧할망당도 그중 한
곳이다. 모두 나주에서 온 뱀이라는 데 끌려 토산리도 찾아갔었고
조천포구도 찾아왔다. 윤봉택 선생이 찍어준 주소에서 내비는 안내를
멈춘다. 조천리 2730. 좁은 동네 골목길을 지나 바닷가로 간다. 더
이상 갈 수 없는 막다른 곳에 이른다. 돌담이 있고 집이 있고 입구에
트럭이 서 있다. 사람은 보이지 않는다. 해변가에 작은 돌집이 있다.
신당 같지 않다. 바닷가 검은 바위돌들을 살핀다. 지팡이를 짚은
할머니가 걸어온다.
"이 근처에 혹시 할망당 어딨는지 아세요?"
"저기 쓰레기통 보이지요. 그 집에 물어보시오. 그 짝 어디 있을
거우다."

차를 몰고 돌아가니 짧은 골목 끝에 등대가 보이고 그 앞은 너른
항구다. 내비가 조천포구 쪽을 통하는 길이 아니라 비좁은 골목길로
안내했던 것이다. 방파제 가장자리에 주차하고 걸어간다. 윤봉택
선생이 보낸 사진 속 바위를 찾는다. 트럭을 세워 놓고 일하는 남자가
있다.

"새콧할망당이 혹시 어디 있는지 아십니까?"

"이것인데요."

있었다. 집으로 들어가는 골목길 입구, 한 주택의 담벼락 앞, 주차된
트럭 옆에 주위를 온통 시멘트로 발라놔서 바위인지 아닌지 얼핏
봐서는 알기 어려운 바윗덩어리가 있었다.

"어째 바닷가가 아니라 주택가 골목에 있당가요?"

"여기 전부 매립지여요. 예전엔 바로 바위 앞까지 바닷물이
들어왔어요. 매립해노니깐 바위가 동네 안으로 들어와분 거라요.
새마을운동한다고 전부 시멘트로 포장해부렀고요."

그렇다고 바위까지 시멘트를 바를 이유가 뭔가.

"우리 아부지가 건축 일을 했는디 할망당 보호한다고 깨끗하게
시멘트로 바른 거여요."

바닷가에 있었을 땐 밑까지 다 드러나 제법 큰 바위였단다. 매립해서
땅이 높아지니 바위 아랫부분이 묻혀버렸다. 이런 데서 마을 수호신인
뱀이 산다고?

"지금도 매년 설날 하고 추석에 동네에서 제사를 지냅니다. 평소엔
보름에 한번 꼴로 무속인이 와서 제사를 지내고요."

박흥도 씨. 예순다섯이다. 할망당 뒤 왼쪽 집에서 산다. 여기서 가까운

안개 속 신창
2021 | 판타블로(캔버스+아크릴) | 25.8x17.9cm

곳에서 태어나 평생을 조천에서 살았다. 어렸을 때부터 할망당 애기를 들었고, 아버지가 시멘트로 바르는 것도 봤고, 할망당에 사는 뱀신도 직접 목격했단다. 아직 할망당이 바닷가에 있을 때였다.

"큰 바위 밑 조그만 돌들 틈사이에 또아리를 틀고 있었어요."

"그 뱀이 할망당신이라는 걸 어떻게 알아요?"

"보면 알지요. 느낌이 다르드라니께요. 한참을 보고 있었더니 스르르 구멍 속으로 사라졌어요."

그다지 크지 않았단다. 배 밑창에 난 구멍을 막을 정도의 구렁이가 아니고?

"대가 바뀌었을 수도 있겠네요."

"그럴 수도 있었지요."

박 씨에게 들은 얘기는 책에 나와 있는 내용과는 조금 달랐다.

여기 있는 할망당은 장씨네가 오래 섬겨왔단다.

"예? 안씨 선주가 아니고요?"

"장씨라요. 선주는 안씨고 장씨는 같이 간 사람. 안씨네는 따로 자기네 집안에서 모셨어요." 책에서 읽은 거하고 다르다. 안씨네 후손은 멀지 않은 곳에 산단다. 전설 속 선주 안씨가 할아버지란다. 후손은 지금 70대인데, 할머니가 배에서 내린 뱀을 얼른 치마폭으로 받아서 집으로 모셔왔다는 얘길 직접 할머니한테 들었다고 얘기하더란다. 집안 수호신으로 정성을 다해 모셨는데, 그때 살던 집을 팔아버려 이제는 더이상 모시지 않는다. 그리고 안씨 후손들은 모두 잘된 반면 장씨네는 집안에 변고가 생겨 사람이 죽는 등 집안이 몰락했단다.

"부모 때는 할망신에게 치성을 드렸는데, 자식들이 전혀 신경을 안 써부렀거든. 교회를 댕기는 것도 아닌디 그래."

정리해보면, 배를 타고 온 뱀은 선주 안씨 부인이 치마폭으로 받아 집안의 칠성신으로 모셨고, 새콧바당 바위 틈으로 사라진 뱀은 안씨랑 배를 타고 나주를 다녀온 장씨네가 모셨으며, 동네 사람들도 마을 수호신으로 삼아 제사를 지내고 마을의 안녕을 빌어왔다는 것인데…. 전설이라는 것이 원래 이 사람 저 사람 입으로 전해지는 것이니 서로 다를 수밖에 없을 것이다.

생각했던 것과는 전혀 다른 모습의 새콧할망당 앞에서 박동호

씨로부터 재미있는 얘기를 많이 들었다. 요즘에도 적잖은 사람들이
새콧할망당을 찾아온단다. 민속학자, 인류학자, 향토사학자, 아니면
취미로 제주도 전설이나 신화를 공부하는 사람들, 아니면 공무원?
새마을운동, 기독교 확산, 미신타파, 경제개발 등으로 오래 전부터
전해오는 전설과 신화와 관련된 곳들이 파괴되거나 자연소멸되고
있다. 안타까운 일이다. 전설과 신화 속에는 그 민족의 꿈과 이상, 생활,
철학, 세계관이 담겨 있다. 제주도의 전설과 신화를 통해 제주도인들이
어떤 세계관을 갖고 살아왔는지 추론할 수 있다. 제주도의 전설과
신화는 우리 민족이 정체성, 꿈, 이상, 철학, 세계관이기도 하다.
발굴하고 기록하여 전하는 것 못지않게 실생활 속에서 지키고
전승해가는 일도 중요하다. 혹세무민 미신의 관점에서만 바라볼 것이
아니다.

새콧할망당을 떠나 조천포구를 둘러본다. 제법 규모가 있다. 아주 큰
요즘 배는 들어오지 못하겠지만, 옛날의 배들은 얼마든지 들고나던
포구였을 것이다.

7년 가뭄에 시달리던 제주 백성들. 나주에서 미곡을 가득 실은 배가
도착하기만을 손꼽아 기다리고 있다. 멀리 여러 척의 배가 깃발을
휘날리며 모습을 드러낸다. 모두 바닷가로 몰려나와 환호한다.
뱃가죽이 등에 달라붙은 아이들도 기운을 차려 강아지들하고 같이
팔짝팔짝 뛰었을 것이다.

조천포구는 옛날 금당포였다. 전설에 의하면 진시황의 명령을
받고 불로초를 찾아나선 서복(또는 서불)이 대규모 선단을 이끌고
맨처음 도착한 곳이란다. 하루를 묵고 난 아침 천기를 보고

조천朝天(아침하늘)이란 글을 바위에 새겨 놓았단다.

서귀포는 서복이 돌아가기 전에 바위에 서불과지라고 써놨다고 해서 서귀포가 됐다고 하고, 조천은 서복이 하룻밤 자고 바위에 그렇게 새겨놨다고 해서 조천이고. 전설인 줄 알면서도 이런 걸 볼 때마다 개운치 않다. 도대체 중국인이 찾아오기 전에는 이름도 없는 땅이었단 말인지. 서복은 석공을 데리고 다녔던 모양이다. 가는 데마다 바위에 바로바로 글자를 새겼으니. 요즘 기준으로 보면 낙서광에 자연훼손범이다. 당시로 보면 문명대국에서 왔으니 칙사 대접을 했을 것이다. 서복 덕분에 서귀포에 서복공원과 전시관을 크게 세워 중국 관광객을 끌어들일 수 있으니 고마워해야 할 일인가. 생각이 꼬리를 물고 이어진다. 생각의 끝은 떫다.

조천포구에 배들이 정박해 있다. 오징어잡이 배인 듯 집열등이 잔뜩 매달린 배도 보인다. 이름이 재밌다. 대박호.

할망당에 치성을 드린 이들은 대박은 아닐지라도 바다에 나간 어부들이 무사히 돌아오기를, 자식들이 병나지 않고 건강하기를, 복 많이 주시기를 기도했을 것이다. 대박이 나도 혼자만 잘 살지 않았다.

제주도 거상 김만덕. 양인과 기생의 신분을 오가며 여성의 몸으로 객주가 되어 엄청난 재산을 축적한 거부가 되었다. 18세기 말 정조대왕 때 태풍과 오래 계속된 가뭄으로 백성들이 굶어죽을 위기에 처하자 전 재산을 들여 뭍에서 곡식을 사와 베풀었다.

새콧할망당 스토리의 주인공 선주 안씨도 김만덕처럼 재산을 털어 뭍에 나가 곡식을 사와 백성들을 살렸다. 제주판 노블레스 오블리주다.

사실 구례 운조루 타인능해他人能解 뒤주 스토리, 경주 부자 최씨네

신창해변등대
2021 | 판타블로(캔버스+아크릴) | 53x45cm

이야기처럼 우리나라에도 서양의 노블레스 오블리주에 뒤지지
않는 전통이 있다. 더 가진 이들이 그렇지 못한 이들과 나누고 같이
살아가는 문화. 돈밖에 모르는 천민자본가들이 득시글대는 요즘과는
달랐다. 아니다. 요즘에도 실은 나눔을 실천하는 이들이 많다. 그런
사람들은 대개 드러나는 걸 꺼려하는지라 널리 알려지지 않았을
뿐이다.

조천포구에는 조천진성이 있다. 제주도에 있는 총 아홉 개의 진성 중
하나다. 삼면이 바다라 문은 딱 한라산 방향으로 한 군데만 나있다.
그 위에 연북정이 있다. 북쪽에 계신 임금을 사모하는 정자. 유배온
이들은 이제나 저제나 북쪽에서 올 해배 소식을 기다리며 먼 바다를
바라봤을 것이다. 대정에 위리안치된 추사는 여기까지 오지도 못했을
테지만.

조천진성 옆에는 장수물이 있다. 물이 많고 제법 넓은 용천수다.
설문대할망이 한 발은 장수물에 딛고 또 한 발은 관탈섬에 딛고
빨래를 했다는 전설이 전해진다. 그 위로 다리가 놓여 훼손되었지만
용천수를 둘러싸고 있었던 옛날 돌담의 흔적이 약간 남아 있다.

조천포구는 올레길 18코스가 지난다. 올레객으로 보이는 이들이 몇
명 지나간다. 조천진성 성벽에 꽂힌 올레길 리본이 바람에 펄럭이고
있었다. 멀리 등대 아래 바위에서 낚시꾼이 바다를 향해 낚싯줄을
힘차게 던지고 있었다. 아지랭이인지 황사인지 모를 것에 가려져
한라산 꼭대기가 흐릿하게 보였다. 설문대할망의 뒷모습이다.

수많은 관광객들이 몰려오는 시대, 제주도의 전설과 신화는 사라지고
있다. 설문대할망은 무슨 생각을 하며 제주도를 내려다보고 있을까.

새콧할망신은 아직도 계신 것일까.

나홀로 조천 새콧할망당 탐방을 끝내고 내비에 법환을 찍는다. 한 시간 이상 산길을 달려야 한다. 도중에 성판악휴게소에 들른다. 세 시가 넘은 시간. 등산객들이 타고 온 차는 상당수 빠져 나갔고 주차장에 여유가 있다. 한쪽에 주차된 오토바이를 구경한다. 경북 구미 번호판이 붙어 있다. 부럽다. 제주도 한 달 살기. 혼자가 아니라 오토바이를 가져 오지 못했다. 제주도에서 빌려 타볼까 생각했지만 여의치 않았다. 오토바이 라이더를 위한 글을 쓰고 싶었는데 그러지 못했다. 아쉬워도 다음을 기약하는 수밖에.

내일 아침은 제주항으로 가야 한다. 오늘 저녁은 마지막으로 법환마을을 돌아볼 것이다. 놓친 것들을 챙겨보고 작별을 고할 것이다. 그리울 것이다.

안녕! 법환마을, 범섬.

내일은 떠나는 날이니 서귀포 법환에서 지낸 제주도 한 달 살기는 실질적으로는 오늘이 마지막이다.

내가 한라산을 넘어가 조천읍 조천리의 새콧할망당을 탐방하고 돌아온 사이 아내는 집안 청소와 빨래를 모두 마쳤고, 크고 작은 트렁크와 가방들에 모든 짐을 다 정리해두었다.

자, 마지막으로 법환마을 산책이나 할까. 지나가면서 보기만 했는데, 포구 쪽 가는 길에 돔베고기와 고기국수를 하는 작은 식당이 있는데, 거기서 마지막 만찬을 하자.

법환포구 쪽으로 걷는다. 그새 익숙해진 거리와 건물들. 이제

작별이다. 목표로 한 노란 집 앞에 이른다. 어라, 근데 불이 꺼져
있네. 혹시… 가까이 가서 본다. 아니나 다를까, 매주 화요일은
정기휴일입니다라고 써 있다. 헐. 마지막날까지 허탕이다. 매주
월요일 아니면 화요일에 문을 열지 않는 식당들이 많다. 일률적으로
정해진 건 없는 듯하다. 물론 문을 연 곳들도 있다.

포구 광장으로 가는 도로 끝 왼쪽에 작은 짬뽕집이 있다. 불을 유난히
환하게 켜놓고 있고 선전이 요란하다. 여러 번 지나가면서도 들어가지
않았다. 붙어 있는 사진을 보니 짬뽕도 여러 가지다. 차돌고기가 듬뿍
올라가 있는 짬뽕. 갑자기 입맛이 돈다.

"짬뽕 먹을까?"

일언지하에 거절당한다. 제주도에 와서 먹은 짬뽕만 몇 번째야.
그렇다고 양이 많은 다른 걸 먹고 싶은 생각도 없단다.

슬슬 어둠이 내려앉기 시작하는 포구. 아름답고 씩씩한 해녀상이
지나가는 사람들을 내려다보고 있다. 멀리 섶섬, 문섬, 가까이 범섬이
보인다.

"그럼, 콩나물국밥이나 먹을까?"

마지막 만찬으로는 좀 그렇다고 생각하면서 던진 말인데, 아내가
반색한다.

"그럴까."

서귀포 혁신도시 아파트 단지 앞에서 법환으로 꺾어져 들어오는 도로
입구, 커다란 바위에 법환마을이라고 쓰여 있는 곳 가까이까지 걸어야
한다. 1킬로가 넘는 거리다. 천천히 걸으면 되지 뭐.

길가에 여러 개의 비석들이 서 있다. 이곳 출신 재일동포들을 기리는

것들이다. 어려운 시절. 제주도 출신 재일동포들이 제주도 경제에
기여한 바는 엄청나다. 4.3사태로 많은 제주도 사람들이 일본으로
밀항했다. 오사카 고베 같은 지역에 모여살며 악착같이 일해 기반을
잡았다. 딱히 부자가 아닌 동포들도 워낙 가난한 고향 사람들이
보기엔 잘사는 사람들이었다. 못사는 가족들과 친척들을 위해
일본제 물건과 돈을 보냈다. 고향 마을을 위해 기부도 하고 장학금도
냈다. 일본에서 들어오는 돈이 상당 기간 제주도 경제를 지탱했다.
그런 재일동포들에게 고마움을 표시하기 위해 세운 비석들. 제주도
여기저기에 많다.

제주도만 재일동포들 덕을 본 것도 아니다. 나라에서 세계적 이벤트를
개최할 때마다 재일동포들이 큰돈을 냈다. 서울에서 열린 아시안게임,
올림픽 때, 일본에서 고생해 번 돈을 아낌없이 조국을 위해 희사했다.
1950년대 스위스에서 열린 월드컵축구대회. 워낙 가난한 나라라
선수단을 보낼 형편이 안 되었다. 일본에서 공부한 축구협회 인사가
일본에 있는 재일동포 인맥을 동원하여 자금을 구하지 않았다면
참가도 못했을 것이다. 나랏돈은 한 푼도 안 쓸 테니 보내만 주십시오,
하고 이승만 대통령한테 간청해서 겨우 스위스행 비행기에 오를 수
있었다. 지금 대한민국은 일본 못지않게 잘 사는 나라가 되었지만,
그렇게 되기까지 해외동포들, 특히 재일동포들의 기여를 잊어서는 안
된다.

콩나물국밥집 맨도롱. 보통 콩나물국밥 하나와 매생이 콩나물국밥
하나를 시킨다. 어떤 맛인지 궁금해서다. 지난번에 쓴 대로, 맛도
가성비도 광주 봉선동 24시간 콩나물국밥집에 비할 수 없지만,

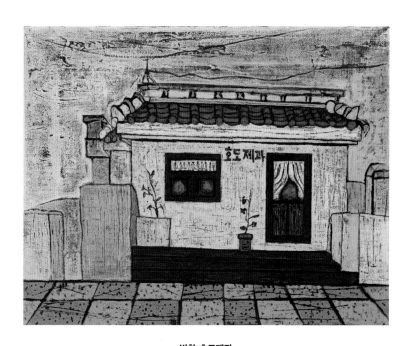

법환 호도제과
2021 | 판타블로(캔버스+아크릴) | 40.9X31.8cm

그런대로 괜찮다. 부담없이 한 끼 때우기엔 충분하다.

그새 완전히 어두워졌다. 다시 1킬로 이상을 걸어 집으로 돌아오는 길.

방향만 염두에 두고 안 가봤던 골목길을 걷는다. 화악. 달콤한 향기가

코를 찌른다. 라일락인가? 라일락 향기는 아니다. 뭐지?

옆에 귤밭이 있다. 잎사귀들 사이로 하얗게 빛나는 것들이 있다.

귤꽃이다. 향기는 바로 거기서 나오고 있었다.

야아, 귤향기가 이렇게 강하고 달콤했어? 전혀 몰랐다. 낮엔 별로

느껴지지 않았는데. 밤이 되어 찬 공기가 가라앉으니 향기도 강해진

모양이다. 돌담 너머로 상체를 들이밀고 코를 킁킁거린다.

"누가 보면 도둑인 줄 알겠네."

개의치 않고 한참 냄새를 맡는다. 가슴 깊이 숨을 들이쉰다. 가슴 가득
귤꽃 향기가 들어찬다. 와아, 좋다.

제주도에선 봄을 대표하는 향기가 라일락이 아니었네. 귤꽃 향기야.

달콤한 향기가 마을 골목을 가득 채우고 있다. 그 속을 걷는다.

황홀하다. 제주도 한 달 살기. 서귀포 법환마을에서의 마지막 밤.

귤꽃향기에 취했다.

제주도 한 달 살기, 눈 깜짝할 새 끝나다

드디어 마침표.

오후 1시 40분 출발 목포행. 배는 퀸제누비아호다. 소형차 13만 5천 160원, 이코노미실 1인당 요금은 3만 2,000원이다. 사전 예매해두었다. 자면서 가고 싶다거나 호젓하게 별실에서 시간을 보내고 싶은 사람은 더 많은 돈을 주고 가족실, 침대실, 브이아이피실 티켓을 구입하면 된다. 모두 19만 9천 160원을 낸다. 인터넷에서 사면 싼 티켓들도 있는 것 같고 시간대에 따라 조금씩 달라지는 것도 같다. 오전 아홉시 서귀포 법환을 출발해 제주항까지 1시간 20분 정도 달린다. 먼저 4부두가 어딘지 확인한다. 배를 이용할 땐 한꺼번에 차와 사람을 싣는 게 아니기 때문에 번거롭다. 먼저 배가 정박한 부두로 가서 신분증을 보여주고 차량을 싣는다. 차량을 싣기 전 선사측 근무자가 차량선적확인서를 끊어준다.

차량을 싣고 난 후 미니버스를 타고 여객터미널로 간다. 사전 예매는

했지만 모바일승선권을 받지 않은 사람은 종이 티켓을 받아야 한다.
나는 미리 휴대폰으로 모바일승선권을 신청해 받아놓았기 때문에
종이 티켓을 받을 필요가 없다. 사전 예매를 하지 않은 사람은
창구에서 승객과 차량 티켓을 구매하고 차량을 싣고, 나머진 똑같이
하면 된다.

여객터미널이든 어디든 시간을 보내다가 출발 전 여객을 실어나르는
버스가 운행을 시작하면 그걸 타고 배 타는 곳으로 간다. 계단을 올라
배안으로 들어간다. 에스컬레이터를 타고 객실과 각종 편의시설이
있는 데크로 올라간다. 여객실은 5층과 6층에 있다. 5층에는 빵집,
커피숍, 음식점, 오락실, 안마의자, 맥주홀…. 온갖 게 다 있다.

우와아. 배 좋다. 퀸제누비아는 무슨 크루즈선 같다. 작년에 취항한 새
배다. 건조비용으로 800억이 들었다는 얘기를 들었다.

이코노미실을 끊었다고 좁고 더운 방에 머무를 필요가 없다. 밖으로
나와 각종 편의 시설을 이용하거나, 여기저기 많은 의자에 앉아 쉴
수도 있다. 친구들끼리, 가족들끼리 어울려 이 배를 타고 여행하면
최고일 것이다. 웃고 떠들고 먹고 마시는 사이 네시간 반이 훌쩍
지나갈 것이다. 혼자서 여행하는 이에겐 조금 지루할 수도 있겠다.
바다 구경, 섬 구경, 심심하면 지참한 책이라도 읽으면 되니 별 게 아닐
수도 있겠다.

완도항을 이용하는 경우엔 배를 타는 시간이 반으로 줄어든다. 하지만,
값도 싸지 않고, 퀸제누비아 같은 편의시설을 갖춘 배는 없다. 결국은
선택의 문제다.

물론 다른 배들도 있다. 목포, 완도, 고흥, 여수, 부산을 왕복하는

노선도 있다. 얼마 전엔 인천에서 제주 가는 배가 운항을 재개했다.
세월호 사건 이래 중단되어 있었다.

차를 싣기 전, 4부두 위치를 확인하고 가까운 곳에서 점심을 하기로
한다. 그러고 보니 전에 왔던 고씨 책방과 우연히 발견한 가성비
최고의 맛집 곤밥2가 멀지 않다.
부두 가까운 곳에 제주가 낳은 여걸, 거상 김만덕 객주가 있다. 제주
전통 초가집이 여러 채 들어서 있다. 길가, 언덕으로 올라가는 입구에
있어 금방 눈에 띈다.
곤밥2 옆 공영주차장에 차를 넣는다. 제주도는 11시반부터
1시반까지는 길가에 주차해두어도 단속하지 않는다. 음식점들의
영업을 도와주기 위해서일 것이다. 11시 좀 넘었는데 곤밥2 앞에는
벌써 사람들이 기다린다. 테이블이 모두 7개 있는데, 우리가 여섯 번째
손님이다.
지난번처럼 정식 2인분을 시킨다. 그런데, 지난 번 왔을 때보다 값이
올랐다. 1인분 7,000원이던 것이 그새 8,000원이 됐다. 재료비가
올라 4월 6일부터 어쩔 수 없이 인상했다는 설명문이 붙어 있다.
바깥에 대기하는 사람들 숫자가 금세 불어난다.
정식은 여전히 맛있고, 가성비는 좋다. 문제는 밥이 나올 때까지 너무
시간이 많이 걸린다는 점이다. 정확히 35분 걸렸다. 옥돔을 굽고
두루치기를 만드는 데 시간이 걸리는 것일까. 인력이 부족한 것일까.
시스템을 개선하면 훨씬 많은 손님들을 대응할 수 있을 텐데. 하긴,
그래서 2인분에 세 마리 나오는 옥돔구이가 맛있는지도 모르겠다.

바삭바삭 맛있는 건 시간과 정성이 들어가서일 것이다.

예전 여의도 회사에 다닐 때 알려지고 장사가 좀 되니 매년 가격을 인상하는 음식점이 있었다. 여름철, 점심 때만 되면 그 가게에서 콩국수를 먹으려는 사람들이 장사진을 쳤다. 몇십 분씩 기다리는 건 예사였다. 주인이 친절하지도 않았다. 그래도 사람들은 그 집 콩국수를 먹겠다고 줄을 섰다. 기다리기 싫은 사람들은 이웃하는 가게에 들어가서 예정에 없던 메뉴로 식사를 했다. 재료비가 오르고 인건비가 올라 어쩔 수 없이 가격을 인상하는 것을 뭐라 할 수 없을 것이다. 그 콩국수집은 그렇지 않았다. 지나치게 돈욕심을 낸다고 느껴졌다. 거의 매년 값을 올렸다. 지금은 얼마나 할까. 아마 지금도 엄청나게 많은 사람들이 줄을 서서 기다릴 것이다. MBC 사옥에 사무실이 있는 일본 후지티비 특파원도 단골이었다. 도쿄에도 하나 있으면 좋겠다고 했다. 다른 메뉴도 있었지만 여름철 시원한 콩국수가 제일 인기였다. 주인은 일년 내내 더운 여름이었으면 하고 바랄 것이다. 나는 어느 시점부터 가지 않았다. 제일 먼저는 너무 오래 기다리기 싫었고, 둘째는 떠밀리듯 빨리 먹고 나가야 하는 것이 내 돈 내고 먹으면서 전혀 대접을 못받는 느낌이 들어서였다.

곤밥2가 그렇다는 건 아니다. 손님 접대도 친절하다. 반찬도 음식도 맛있다. 한 달 살기 동안 값이 1,000원 올랐지만, 여전히 가성비는 좋다고 할 수 있다. 맛은 유지하면서도 회전율을 올리는 방법을 찾아내면 좋을 것이다.

맛있게 점심을 먹고 다시 여객터미널로 돌아온다. 커피를 사 마시고 주변을 구경하다 배로 가는 셔틀버스를 탄다. 퀸제누비아호에 오른다.

한 시 40분 제주항 출발, 6시 20분 목포항 도착. 도착하기 전 공지방송을 듣고 미리 차로 가 하선을 기다린다.

목포항에 내려 일로 서울로 달린다. 중간중간 휴게소에 들러 요기하고, 몸을 풀고, 서울 집에 도착한 시간. 밤 11시였다.

3월 18일 서울집을 떠나 다음날 새벽 제주항에 도착했다. 서귀포 법환마을에서 33일을 살면서 여기저기를 탐방하고 사람들을 만났다. 서울을 떠난 지 35일, 제주도 살이 34일째 되는 날, 집으로 돌아왔다. 방송 생활 37년을 마치고 바로 시작한 제주도 한 달 살기. 쉬겠다고 갔다가 쉬지도 못하고 바빴지만, 덕분에 생각지도 않은 결실이 생겼다. 세상사 모를 일이다. 인생도 모를 일이다. 하루하루 매 순간 최선을 다해 살아갈 뿐.

법환포구와 범섬

제주도 한 달 살기를 하고 싶은 이들에게

제주도 한 달 살기 비용이 얼마나 드느냐고 묻는 이들이 있다.
딱히 얼마 든다고 대답하기 곤란한 것은 어떻게 지내느냐에 달려
있기 때문이다. 돈 많은 사람이야 호화 호텔에서 머무르며 한 달에
일이천만 원인들 못쓰겠는가. 대다수 서민들, 월급쟁이로 평생
일하다가 퇴직해서 큰 맘 먹고 한 달 살기를 하려는 사람들은 그럴 수
없다. 그렇다고 결국은 한 달 머무르며 제주도 구석구석을 여행하는
것이기 때문에 돈이 안 들 수는 없다. 더구나 평생 고생해온 자신에게
하는 선물이니 조금은 지출할 각오를 해야 할 것이다.
생활비, 입장료, 차 기름값, 멋진 카페에서 마시는 커피값, 맛있는 음식
값, 솔찬히 들어간다. 선택에 따라 달라지는 것들은 뭐라 얘기해줄 수
없다. 알아서 예산에 맞춰 쓰면 될 일이다.
필수적인 건 집 임차료다. 이것도 천차만별이다. 차를 타고
지나다니면서 여기저기 건물에 한 달 살기 세놓는다는 플래카드나

팻말을 본다. 박수기정을 갔다 오는 길에 알록달록 천연색이 칠해진 건물에 붙은 광고물을 봤다. 전화를 걸었다. 한 달 살기로 빌려주는 집은 스무평 스물두평 두 가지가 있다. 모두 방은 두 개다. 작은 건 한 달 월세가 35만 원, 큰 것은 40만 원이다. 관리비는 따로 내야 하는데 혼자 살면 7만 원 내외, 둘이 쓰면 한 10만 원 안팎이면 될 거란다. 여긴 의외로 싼 집이다. 그렇다고 낡고 오래된 집이 아니라 지은 지 얼마 안 된 아파트다. 물론 멋진 단독 주택을 빌릴 수도 있다. 더 크고 좋은 위치의 펜션이나 아파트를 빌릴 수도 있다. 한 달에 150만 원, 200만 원을 달랄 수 있다. 평균적으로는 100만 원 내외면 괜찮은 데를 빌릴 수 있다. 물론 70~80 정도 주면 되는 데도 많다. 위치에 따라 크게 달라진다. 너무 외지거나 마트 같은 게 없어 불편한 데는 싸다. 내가 있는 동네는 방 하나 거실 하나에 월 75만 원, 관리비 별도란다. 원룸은 50만 원이다.

암튼 시원하게 대답하기 곤란하다. 예산에 맞추어 적당한 데를 고르면 된다. 염두할 것은 어디서 사느냐에 따라 활동 범위가 영향을 받는다는 점이다. 나는 서귀포 법환에 있으니 제주도 북쪽, 제주시를 중심으로 한 지역보다는 아무래도 서귀포 쪽, 제주도 남쪽을 주로 다니게 된다. 물론 한라산을 넘어 제주시까지 간다 하더라도 한 시간이면 족하니 맘만 먹으면 어디고 갈 수 있다.

특히 수십 년 가족과 회사를 위해 일하다 퇴직하고 제2의 인생을 시작하는 수많은 베이비부머들. 그동안 고생했으니 스스로에게 주는 선물로 제주도 한 달 살기는 최고다. 물론 다른 지역도 좋다. 제주도 한 달 살기가 끝나면 다른 데 가서 한 달 살기를 또 해도 좋을 것이다.

여유 있는 사람 중엔 해외에 가서 돌아가며 몇달 혹은 1년씩 사는 사람도 있다지 않은가. 실은 내 꿈이기도 하지만, 어려울 것 같다. 내 또래 베이비부머들이여. 제주도 한 달 살기. 생각이 있다면 바로 실행하시라. 가슴이 아니라 다리만 떨리게 될 날이 머지않았다. 움직일 수 있을 때 실컷 여행하시라. 맛있는 것 먹고, 아름다운 경치 보고, 재밌는 취미 생활도 열심히 하시라. 그럴 자격이 있다.

송일준 PD

×

이민 작가의

제주도
랩소디

Jejudo Rhapsody

초판 인쇄 2022년 8월 5일
초판 발행 2022년 8월 10일

지은이   송일준
그린이   이민
펴낸이   김상철
발행처   스타북스
등록번호 제300-2006-00104호
주소   서울시 종로구 종로 19 르메이에르종로타운 B동 920호
전화   02) 735-1312
팩스   02) 735-5501
이메일   starbooks22@naver.com
ISBN   979-11-5795-658-6 03980

ⓒ 2022 Starbooks Inc.
Printed in Seoul, Korea